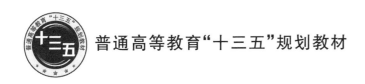

普通高等教育"十三五"规划教材

PXA270 嵌入式平台实验教程

刘人豪　潘大发　赵同刚　黄慧英　编著

北京邮电大学出版社
www.buptpress.com

内 容 简 介

　　PXA270 嵌入式平台是一款基于 Intel XScale PXA270 处理器,针对嵌入式系统教学和实验科研的平台。本书首先介绍了嵌入式系统的概念和嵌入式处理器的分类,然后围绕 PXA270 嵌入式平台,以实验的形式详述了基于 Linux 宿主机的嵌入式开发流程,其中包括基本的环境搭建、驱动开发、人机接口以及扩展应用实验。

　　本书可以作为普通高等院校电子通信类专业本科生和研究生的实验教材,也可供从事 Linux 嵌入式技术开发应用的工程技术人员阅读和参考。

图书在版编目(CIP)数据

　　PXA270 嵌入式平台实验教程 / 刘人豪等编著. -- 北京:北京邮电大学出版社,2019.7
　　ISBN 978-7-5635-5746-2

　　Ⅰ. ①P…　Ⅱ. ①刘…　Ⅲ. ①Linux 操作系统—程序设计—教材　Ⅳ. ①TP316.85

　　中国版本图书馆 CIP 数据核字(2019)第 134508 号

书　　名:PXA270 嵌入式平台实验教程
作　　者:刘人豪　潘大发　赵同刚　黄慧英
责任编辑:徐振华　米文秋
出版发行:北京邮电大学出版社
社　　址:北京市海淀区西土城路 10 号(邮编:100876)
发 行 部:电话:010-62282185　传真:010-62283578
E-mail: publish@bupt.edu.cn
经　　销:各地新华书店
印　　刷:北京玺诚印务有限公司
开　　本:787 mm×1 092 mm　1/16
印　　张:14.5
字　　数:376 千字
版　　次:2019 年 7 月第 1 版　2019 年 7 月第 1 次印刷

ISBN 978-7-5635-5746-2　　　　　　　　　　　　　　　　　　定价:36.00 元

前　　言

　　嵌入式系统是计算机软件和硬件的综合体,以应用为中心,以计算机技术为基础,软硬件可裁减,其核心部件是各种类型的嵌入式处理器。从20世纪八九十年代至今,随着现代社会信息化进程的加快,嵌入式系统被广泛地应用于军事、家用、工业、商业、办公、医疗等社会的各个方面,表现出极强的应用价值和科技前景,从智能手环到无人机、智能机器人,这些形形色色的"高端产品"都离不开嵌入式技术。

　　嵌入式技术发展很快,嵌入式处理器芯片厂家众多,产品更新换代周期越来越短,而每一种处理器都有其独特的硬件结构,并且有专门的开发工具或开发方式,这些都给学习嵌入式技术带来了困难。作者认为,选择一种较为典型和先进的嵌入式处理器,深入了解和掌握其结构和原理,配以主流的操作系统和开发方式,有利于帮助读者举一反三地掌握其他嵌入式芯片和嵌入式操作系统的开发。PXA270是英特尔公司的高端芯片,Linux又是当下较为主流的操作系统,因此,本书以实验的形式,从底层到高层,循序渐进地引导读者掌握基于PXA270平台的嵌入式Linux的开发流程。

　　作者多年从事实验教学,本书中所列举的实验,均结合了实验课堂中常见的实际问题并给出了解决办法。

　　全书共分5章,前4章分别对嵌入式系统、XScale体系结构、Linux操作系统和PXA270实验平台进行了介绍,第5章通过32个具体实验,从开发环境搭建、底层驱动开发到高层应用程序设计,详细地介绍了嵌入式Linux的开发方法。

　　由于作者水平有限,书中难免有不足和错误之处,恳请读者批评指正。

作　者

目　　录

第1章　嵌入式系统

电子数字计算机诞生于 1946 年,在其后漫长的历史进程中,计算机始终是供养在特殊的机房中的、用来实现数值计算的大型昂贵设备。直到 20 世纪 70 年代微处理器的出现,计算机才出现了历史性的变化。以微处理器为核心的微型计算机因其小型、廉价、高可靠性的特点,迅速走出了机房。基于高速数值解算能力的微型机,其表现出的智能化水平引起了控制专业人士的兴趣,他们要求将微型机嵌入一个对象体系中,以实现对象体系的智能化控制。例如,将微型计算机经电气加固、机械加固并配置各种外围接口电路后,安装到大型舰船中,使其构成自动驾驶仪或轮机状态监测系统。这样一来,计算机便失去了原来的形态与通用的计算机功能。为了区别于原有的通用计算机系统,人们把嵌入对象体系中实现对象体系智能化控制的计算机称作嵌入式计算机系统。

1.1　嵌入式系统的概念

根据电气和电子工程师协会(IEEE)的定义,嵌入式系统是“控制、监视或者辅助装置、机器和设备运行的装置”,这主要是从应用方面加以定义的,从中可以看出嵌入式系统是软件和硬件的综合体。不过上述定义并不能充分地体现出嵌入式系统的精髓,目前国内一个被普遍认同的定义是:嵌入式系统是以应用为中心,以计算机技术为基础,软硬件可裁减,适应对功能、可靠性、成本、体积、功耗要求严格的应用系统的专用计算机系统。简单地说,嵌入式系统集系统的应用软件与硬件于一体,类似于 PC 中基本输入输出系统(BIOS)的工作方式,具有软件代码小、高度自动化、响应速度快等特点,特别适用于要求实时和多任务的体系。嵌入式系统主要由嵌入式处理器、相关支撑硬件、嵌入式操作系统和应用软件系统等组成,是可独立工作的“器件”。

在明确了嵌入式系统定义的基础上,可从以下几方面来理解嵌入式系统。

① 嵌入式系统是面向用户、面向产品、面向应用的,是与应用紧密结合的,它具有很强的专用性,必须结合实际系统需求进行合理的裁减利用。嵌入式系统是和具体应用有机结合在一起的,它的升级换代和具体产品同步进行,因此嵌入式系统产品一旦进入市场,就会具有较长的生命周期。

② 嵌入式系统是将先进的计算机技术、半导体技术和电子技术与各个行业的具体应用相结合后的产物,这一点就决定了它必然是一个技术密集、资金密集、高度分散、不断创新的知识集成系统。

③ 嵌入式系统必须根据应用需求对软硬件进行裁减,使其满足应用系统的功能、可靠性、成本、体积等要求。为了提高执行速度和系统可靠性,嵌入式系统中的软件一般都固化在存储器芯片或单片机中,而不是存储于磁盘等载体中。

④ 嵌入式系统本身不具备自主开发能力,即使在设计完成以后用户通常也不能对其中的程序功能进行修改,必须有一套开发工具和环境才能进行开发。

实际上,凡是与产品结合在一起的具有嵌入式特点的控制系统都可以称作嵌入式系统。现在人们提及嵌入式系统时,某种程度上指的是具有操作系统的嵌入式系统。

1.2　嵌入式系统的组成及处理器介绍

嵌入式系统是计算机软件和硬件的综合体,可涵盖机械或其他的附属装置,所以嵌入式系统可以笼统地分为硬件和软件两部分。嵌入式系统的构架可以分为 4 个部分:处理器、存储器、输入输出(I/O)和软件(由于多数嵌入式设备的应用软件和操作系统是紧密结合的,因此在这里对二者不加以区分,这也是嵌入式系统和通用 PC 系统的最大区别)。嵌入式系统的组成如图 1-1 所示。

嵌入式系统的硬件部分包括处理器/微处理器、存储器以及外设器件和 I/O 端口、图形控制器等。嵌入式系统有别于一般的计算机处理系统,它不具备像硬盘那样大容量的存储介质,大多使用可擦除可编程只读存储器(EPROM)、电可擦除可编程只读存储器(EEPROM)或闪存(Flash Memory)作为存储介质。

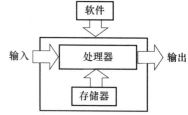

图 1-1　嵌入式系统的组成

嵌入式系统的核心部件是各种类型的嵌入式处理器,据不完全统计,目前全世界嵌入式处理器的品种总量已经超过 1 000 种,流行体系结构有三十多个系列,其中 8051 体系占有多半。生产 8051 单片机的半导体厂家有二十多个,共有三百五十多种衍生产品,仅飞利浦公司(Philips)就有近 100 种。现在几乎每个半导体制造商都生产嵌入式处理器,越来越多的公司拥有自己的处理器设计部门。嵌入式处理器的寻址空间的大小一般为 64 KB～1 632 MB,处理速度为0.1 MIPS～2 000 MIPS。根据现状,嵌入式计算机可以分为以下几类。

1. 嵌入式微处理器(EMPU,Embedded Microprocessor Unit)

嵌入式微处理器的基础是通用计算机中的中央处理器(CPU)。在应用中,通常将微处理器装配在专门设计的电路板上,只保留和嵌入式应用有关的母板功能,这样可以大幅度减小系统体积和功耗。为了满足嵌入式应用的特殊要求,嵌入式微处理器虽然在功能上和标准微处理器基本是一样的,但在工作温度、抗电磁干扰、可靠性等方面一般都做了各种增强。

与工业控制计算机相比,嵌入式微处理器具有体积小、重量轻、成本低、可靠性高的优点,但是在电路板上必须包括只读存储器(ROM)、随机存储器(RAM)、总线接口、外设等器件,从而降低了系统的可靠性,技术保密性也较差。嵌入式微处理器及其存储器、总线、外设等安装在一块电路板上,则称其为单板计算机,如 STD-BUS、PC104 等。近年来,德国、日本的一些公司又开发出了类似"火柴盒"的、名片大小的嵌入式计算机系列原始设计商(OEM)产品。

嵌入式处理器主要有 Am186/88、386EX、SC-400、Power PC、68000、MIPS、ARM 等系列。

2. 嵌入式微控制器(MCU,Microcontroller Unit)

嵌入式微控制器又称单片机,顾名思义,就是将整个计算机系统集成到一块芯片中。嵌入式微控制器一般以某一种微处理器内核为核心,芯片内部集成 ROM/EPROM、RAM、总线、总线逻辑、定时/计数器、看门狗电路(WatchDog)、输入输出(I/O)、串行口、脉宽调制输出、模数转换(A/D)、数模转换(D/A)、闪存、EEPROM 等各种必要功能和外设。为适应不同的应用需求，一般一个系列的单片机具有多种衍生产品，每种衍生产品的处理器内核都是一样的，不同之处在于存储器和外设的配置及封装，这样可以使单片机最大限度地和应用需求相匹配，功能不多不少，从而减少功耗和成本。

和嵌入式微处理器相比，微控制器的最大特点是单片化，体积大大减小，从而使功耗和成本下降、可靠性提高。微控制器是目前嵌入式系统工业的主流。微控制器的片上外设资源一般比较丰富，适于控制，因此被称为微控制器。

目前嵌入式微控制器的品种和数量最多，比较有代表性的通用系列包括 8051、P51XA、MCS-251、MCS-96/196/296、C166/167、MC68HC05/11/12/16、68300 等。此外还有许多半通用系列，如支持 USB 接口的 MCU 8XC930/931、C540、C541，支持 I2C、CANBus、LCD 及众多专用 MCU 和兼容系列。目前 MCU 占嵌入式系统市场约 70% 的市场份额。

特别值得注意的是，近年来提供 X86 微处理器的著名厂商美国超微半导体(AMD)公司，将 Am186CC/CH/CU 等嵌入式处理器称为微控制器，摩托罗拉公司把以 Power PC 为基础的 PPC505 和 PPC555 亦列入单片机行列，德州仪器(TI)公司亦将其 TMS320C2XXX 系列 DSP 作为 MCU 进行推广。

3. 嵌入式 DSP 处理器(EDSP，Embedded Digital Signal Processor)

DSP 处理器对系统结构和指令进行了特殊设计，以使其适于执行 DSP 算法，编译效率较高，指令执行速度也较快。DSP 算法正在大量进入嵌入式领域，如数字滤波、快速傅里叶变换(FFT)、谱分析等方面，DSP 应用正从在通用单片机中以普通指令实现 DSP 功能，过渡到采用嵌入式 DSP 处理器。嵌入式 DSP 处理器有两个发展来源，一是 DSP 处理器经过单片化、合同能源管理(EMC)改造、增加片上外设成为嵌入式 DSP 处理器，如德州仪器公司的 TMS320C2000/C5000 等；二是在通用单片机或片上系统(SoC)中增加 DSP 协处理器，如英特尔公司的 MCS-296 和西门子公司的 TriCore。

推动嵌入式 DSP 处理器发展的另一个因素是嵌入式系统的智能化，如带有智能逻辑的消费类产品，生物信息识别终端，带有加解密算法的键盘，非对称数字用户线路(ADSL)接入、实时语音压解系统，虚拟现实显示等。这类智能化算法一般运算量较大，特别是向量运算、指针线性寻址等较多，而这些正是 DSP 处理器的长处所在。

嵌入式 DSP 处理器中比较有代表性的产品是德州仪器公司的 TMS320 系列和摩托罗拉公司的 DSP56000 系列。TMS320 系列处理器包括用于控制的 C2000 系列、移动通信的 C5000 系列以及性能更高的 C6000 和 C8000 系列。DSP56000 目前已经发展成为 DSP56000、DSP56100、DSP56200 和 DSP56300 等不同系列的处理器。此外，飞利浦公司也推出了基于可重置 SP 结构，采用低成本、低功耗技术制造的 R. E. A. L DSP 处理器，其特点是具备双哈佛结构和双乘/累加单元，其应用目标是大批量消费类产品。

4. 嵌入式片上系统(SoC，System on Chip)

随着电子数据交换(EDI)的推广、超大规模集成电路(VLSI)设计的普及化和半导体工艺的迅速发展，在一个硅片上实现一个更为复杂的系统的时代已来临，这就是 SoC。各种通用处理器内核将作为 SoC 设计公司的标准库，和许多其他嵌入式系统外设一样，成为 VLSI 设计中一种标准的器件，用标准的超高速集成电路硬件描述语言(VHDL)等语言描述，存储在器件库中。用户只需定义出整个应用系统，仿真通过后就可以将设计图交给半导体工厂制作样品。

这样除个别无法集成的器件外,整个嵌入式系统的大部分均可集成到一块或几块芯片中,应用系统电路板将变得很简洁,有利于减小体积和功耗、提高可靠性。

SoC 可以分为通用和专用两类。通用系列包括西门子公司的 TriCore,摩托罗拉公司的 M-Core,某些 ARM 系列器件,埃施朗(Echelon)公司和摩托罗拉公司联合研制的 Neuron 芯片等。专用系列一般专用于某个或某类系统,不为一般用户所知,其中有代表性的产品是飞利浦公司的 Smart XA,它将 XA 单片机内核和支持超过 2 048 位复杂 RSA 算法的中央控制单元(CCU)制作在一块硅片上,形成一个可加载 JAVA 或 C 语言的专用的 SoC,可用于公众互联网(如因特网)安全方面。

第2章 XScale 体系结构

XScale 体系结构是采用 Intel Pentium 技术实现的 ARM 兼容的嵌入式微处理器架构,并对 ARM 体系结构进行了增强,具有业界领先的高性能和低功耗特性,被广泛应用于消费电子、无线通信、多媒体和网络交换等嵌入式应用领域。XScale 引入了一系列高性能微处理器的设计技术,总体性能显著地超出同主频的 ARM 微处理器。XScale 体系源于 ARM 体系,下面首先介绍什么是 ARM。

2.1 ARM 简介

ARM(Advanced RISC Machines),即高级精简指令集机器,既可以认为是一个公司的名字,也可以认为是对一类微处理器的通称,还可以认为是一种技术的名字。1991 年 ARM 公司成立于英国剑桥,主要出售芯片设计技术的授权。目前,采用 ARM 技术知识产权(IP)核的微处理器,即通常所说的 ARM 微处理器,已遍及工业控制、消费类电子产品、通信系统、网络系统、无线系统、军用系统等各类产品市场,基于 ARM 技术的微处理器应用占据了 32 位精简指令集计算机(RISC)微处理器市场 70％以上的市场份额,ARM 技术正在逐步渗入生活的各个方面。ARM 公司是专门从事基于 RISC 技术芯片设计开发的公司,作为知识产权供应商,ARM 公司本身不直接从事芯片生产,而是依靠转让设计许可,由合作公司生产各具特色的芯片。世界各大半导体生产商从 ARM 公司购买其 ARM 微处理器核,根据各自不同的应用领域,加入适当的外围电路,从而形成自己的 ARM 微处理器芯片进入市场。目前全世界有几十家大的半导体公司都使用 ARM 公司的授权,这既使得 ARM 技术获得更多的第三方工具、制造、软件的支持,又使得整个系统成本降低,因此产品更容易进入市场并被消费者接受,更具有竞争力。Intel XScale PXA270 就是一款得到了 ARM 公司授权的、使用 ARM 微处理器核且经 Intel 优化过的嵌入式 CPU。

2.2 ARM 微处理器的应用领域及特点

2.2.1 ARM 微处理器的应用领域

到目前为止,ARM 微处理器及技术的应用几乎已经深入各个领域,如下所述。

① 工业控制领域:作为 32 位的 RISC 架构,基于 ARM 核的微控制器芯片占据了高端微控制器市场的大部分市场份额,同时也逐渐向低端微控制器应用领域扩展,ARM 微控制器的

低功耗、高性价比,向传统的 8 位/16 位微控制器提出了挑战。

② 无线通信领域:目前已有超过 85% 的无线通信设备采用了 ARM 技术,ARM 以其高性能和低成本的特点,在该领域的地位日益巩固。

③ 网络应用:随着宽带技术的推广,采用 ARM 技术的 ADSL 芯片正逐步获得竞争优势。此外,ARM 在语音及视频处理上进行了优化,并获得了广泛的支持,也对 DSP 的应用提出了挑战。

④ 消费类电子产品:ARM 技术在目前流行的数字音频播放器、数字机顶盒和游戏机中得到了广泛应用。

⑤ 成像和安全产品:目前流行的数码相机和打印机中绝大部分采用了 ARM 技术,手机中的 32 位 SIM 智能卡也采用了 ARM 技术。

除上述领域以外,ARM 微处理器及技术还有许多其他的应用领域,并会在将来有更广泛的应用。

2.2.2　ARM 微处理器的特点

采用 RISC 架构的 ARM 微处理器一般具有如下特点:
- 体积小、低功耗、低成本、高性能;
- 支持 Thumb(16 位)/ARM(32 位)双指令集,能很好地兼容 8 位/16 位器件;
- 大量使用寄存器,指令执行速度更快;
- 大多数数据操作都在寄存器中完成;
- 寻址方式灵活简单,执行效率高;
- 指令长度固定。

2.3　ARM 微处理器系列

ARM 微处理器目前包括 ARM7 系列,ARM9 系列,ARM9E 系列,ARM10E 系列,SecurCore 系列和英特尔公司的 StrongARM、XScale 等多个系列。除了具有 ARM 体系结构的共同特点外,每一个系列的 ARM 微处理器都有各自的特点和应用领域,其中,ARM7、ARM9、ARM9E 和 ARM10E 为 4 个通用处理器系列,每一个系列提供一套相对独特的性能来满足不同应用领域的需求。SecurCore 系列专门为安全要求较高的应用而设计。下面将详细介绍各种处理器的特点及应用领域。

2.3.1　ARM7 微处理器系列

ARM7 系列微处理器为低功耗的 32 位 RISC 处理器,最适合用于对价位和功耗要求比较严格的消费类应用。ARM7 微处理器系列具有如下特点:
- 具有嵌入式实时在线仿真器(ICE-RT)逻辑,调试开发方便;
- 极低的功耗,适合对功耗要求严格的应用,如便携式产品;
- 能够提供 0.9 MIPS/MHz 的 3 级流水线结构;

- 代码密度高并兼容 16 位的 Thumb 指令集；
- 支持的操作系统广泛，包括 Windows CE、Linux、Palm OS 等；
- 指令系统与 ARM9、ARM9E 和 ARM10E 系列兼容，便于用户的产品升级换代；
- 主频最高可达 130 MIPS，高速的运算处理能力能满足绝大多数的复杂应用。

ARM7 系列微处理器的主要应用领域为：工业控制、Internet 设备、网络和调制解调器设备、移动电话等多媒体和嵌入式应用。

ARM7 系列微处理器包括以下几种类型的核：ARM7TDMI、ARM7TDMI-S、ARM720T、ARM7EJ。其中，ARM7TDMI 是目前使用最广泛的 32 位嵌入式 RISC 处理器，属低端 ARM 处理器核。TDMI 的基本含义如下。

T：支持 16 位压缩指令集 Thumb；

D：支持片上 Debug；

M：内嵌硬件乘法器（Multiplier）；

I：嵌入式在线仿真器（ICE），支持片上断点和调试点。

2.3.2　ARM9 微处理器系列

ARM9 系列微处理器在高性能和低功耗特性方面提供最佳的性能，具有以下特点：
- 提供 1.1 MIPS/MHz 的 5 级流水线结构；
- 支持 32 位 ARM 指令集和 16 位 Thumb 指令集；
- 支持 32 位的高速 AMBA 总线接口；
- 全性能内存管理单元（MMU），支持 Windows CE、Linux、Palm OS 等主流嵌入式操作系统；
- 微处理器单元（MPU）支持实时操作系统；
- 支持数据 Cache 和指令 Cache，具有更高的指令和数据处理能力。

ARM9 系列微处理器主要应用于无线设备、仪器仪表、安全系统、机顶盒、高端打印机、数字照相机和数字摄像机等，包含 ARM920T、ARM922T 和 ARM940T 三种类型。

2.3.3　ARM9E 微处理器系列

ARM9E 系列微处理器为可综合处理器，单一的处理器内核提供了微控制器、DSP、Java 应用系统的解决方案，极大地减少了芯片的面积和系统的复杂程度。ARM9E 系列微处理器提供了增强的 DSP 处理能力，适用于需要同时使用 DSP 和微控制器的应用场合。

ARM9E 系列微处理器的主要特点如下：
- 支持 DSP 指令集，适用于需要高速数字信号处理的场合；
- 5 级整数流水线，指令执行效率更高；
- 支持 32 位 ARM 指令集和 16 位 Thumb 指令集；
- 支持 32 位的高速 AMBA 总线接口；
- 支持 VFP9 浮点处理协处理器；
- 全性能 MMU，支持 Windows CE、Linux、Palm OS 等主流嵌入式操作系统；
- MPU 支持实时操作系统；

- 支持数据 Cache 和指令 Cache,具有更高的指令和数据处理能力;
- 主频最高可达 300 MIPS。

ARM9E 系列微处理器主要应用于下一代无线设备、数字消费品、成像设备、工业控制、存储设备和网络设备等领域,包含 ARM926EJ-S、ARM946E-S 和 ARM966E-S 三种类型。

2.3.4 ARM10E 微处理器系列

ARM10E 系列微处理器具有高性能、低功耗的特点,由于采用了新的体系结构,与同等的 ARM9 器件相比,在同样的时钟频率下,其性能提高了近 50%,同时,ARM10E 系列微处理器采用了两种先进的节能方式,使其功耗极低。

ARM10E 系列微处理器的主要特点如下:

- 支持 DSP 指令集,适用于需要高速数字信号处理的场合;
- 6 级整数流水线,指令执行效率更高;
- 支持 32 位 ARM 指令集和 16 位 Thumb 指令集;
- 支持 32 位的高速 AMBA 总线接口;
- 支持 VFP10 浮点处理协处理器;
- 全性能 MMU,支持 Windows CE、Linux、Palm OS 等主流嵌入式操作系统;
- 支持数据 Cache 和指令 Cache,具有更高的指令和数据处理能力;
- 主频最高可达 400 MIPS;
- 内嵌并行读/写操作部件。

ARM10E 系列微处理器主要应用于下一代无线设备、数字消费品、成像设备、工业控制、通信和信息系统等领域,包含 ARM1020E、ARM1022E 和 ARM1026EJ-S 三种类型。

2.3.5 SecurCore 微处理器系列

SecurCore 系列微处理器专为安全需要而设计,提供了完善的 32 位 RISC 技术的安全解决方案,因此,它除了具有 ARM 体系结构的低功耗、高性能的特点外,还具有独特的优势,即提供了对安全解决方案的支持。SecurCore 系列微处理器在系统安全方面具有以下特点:

- 带有灵活的保护单元,以确保操作系统和应用数据的安全;
- 采用软内核技术,防止外部对其进行扫描探测;
- 可集成用户自己的安全特性和其他协处理器。

SecurCore 系列微处理器主要应用于一些对安全性要求较高的应用产品及应用系统,如电子商务、电子政务、电子银行业务、网络和认证系统等领域,包含 SecurCore SC100、Secur-Core SC110、SecurCore SC200 和 SecurCore SC210 四种类型。

2.3.6 StrongARM 微处理器系列

Intel StrongARM SA1100 与 Intel StrongARM SA1110 处理器是采用 ARM 体系结构、高度集成的 32 位 RISC 微处理器,融合了英特尔公司的设计和处理技术以及 ARM 体系结构的电源效率,在软件上兼容 ARMv4 体系结构,同时采用具有 Intel 技术优点的体系结构。

Intel StrongARM处理器是便携式通信产品和消费类电子产品的理想选择,现已成功应用于多家公司的掌上计算机系列产品。

2.3.7　XScale 处理器

XScale 处理器是基于 ARMv5TE 体系结构的解决方案,是一款全性能、高性价比、低功耗的 32 位处理器,支持 16 位的 Thumb 指令和 DSP 指令集,现已应用于数字移动电话、个人数字助理和网络产品等场合。XScale 处理器是英特尔公司目前主要推广的一款 ARM 微处理器。

2.4　XScale 微处理器结构

2.4.1　RISC 体系结构

传统的复杂指令集计算机(CISC,Complex Instruction Set Computer)结构有其固有的缺点,即随着计算机技术的发展而不断引入新的复杂的指令集,为支持这些新增的指令,计算机的体系结构越来越复杂,然而,CISC 指令集的各种指令的使用频率却相差悬殊,大约有 20% 的指令被反复使用,占整个程序代码的 80%,而余下的 80% 的指令却不经常使用,在程序设计中只占 20%,显然,这种结构是不太合理的。基于以上不合理性,1979 年,美国加州大学伯克利分校提出了 RISC 的概念,RISC 并非只是简单地减少指令,而是着眼于如何使计算机的结构更加简单合理地提高运算速度。RISC 结构优先选取使用频率最高的简单指令,避免复杂指令;将指令长度固定,指令格式和寻址方式的种类减少;以控制逻辑为主。到目前为止,RISC 体系结构还没有严格的定义,一般认为,RISC 体系结构应具有如下特点:

- 采用固定长度的指令格式,指令归整、简单,基本寻址方式有 2~3 种;
- 使用单周期指令,便于流水线操作执行;
- 大量使用寄存器,数据处理指令只对寄存器进行操作,只有加载/存储指令可以访问存储器,以提高指令的执行效率。

此外,ARM 体系结构还采用了一些特别的技术,在保证高性能的前提下尽量缩小芯片的面积,并降低功耗:

- 所有的指令都可根据前面的执行结果决定是否被执行,从而提高指令的执行效率;
- 可用加载/存储指令批量传输数据,以提高数据的传输效率;
- 可在一条数据处理指令中同时完成逻辑处理和移位处理;
- 在循环处理中使用地址的自动增减来提高运行效率。

当然,尽管和 CISC 架构相比,RISC 架构有上述优点,但决不能认为 RISC 架构可以取代 CISC 架构。事实上,RISC 和 CISC 各有优势,且界限并不明显。现代的 CPU 往往采用 CISC 的外围,内部加入 RISC 的特性,如超长指令集 CPU 就融合了 RISC 和 CISC 的优势,成为未来 CPU 的发展方向之一。

2.4.2 XScale 体系结构

ARM 的体系结构是基于 RISC 的,XScale 是 ARM 处理器的一种,所以 XScale 具有 RISC 的基本特性。针对嵌入式系统,XScale 微架构引入了 Pentium 处理器的工艺和系统结构技术,实现了 Pentium 微处理器体系结构的一系列高性能技术,达到了高性能、低功耗和小体积等嵌入式系统要求的特性。XScale 体系结构的主要特点如下所述。

- 超流水线:XScale 的超流水线(SuperPipeline)技术,由整数处理(integer)、乘加 (MAC)和存储(memory)3 条流水线组成,3 条流水线的长度是 6~9 段,前 4~5 段共享、后面的分支部分并行工作可有效提高处理器性能。
- 高主频:XScale 的主频可以超出普通 ARM 微处理器主频数倍,在保持较低能量消耗的前提下,可达 600 MHz 以上,例如,PXA27X 的主频可高达 624 MHz。
- 存储体系:XScale 具有高效的存储器体系结构,主要包括 32 KB D-Cache、32 KB I-Cache、2 KB MiniDcache、Fill Buffers、ending Buffers 以及 4.8 GB/s 带宽的存储总线,可使处理器高效地访问存储器,为其超流水线的高效运行提供数据资源。
- 分支预测:XScale 实现了基于统计分析的分支预测功能部件,减少了由于分支转移冲刷指令流水线的次数,也有效地提高了处理器的性能。
- 指令集体系结构:针对 ARM 数据处理能力的不足,XScale 对 ARM 的乘加逻辑进行了增强,增加了 8 条 DSP 指令。XScale 处理器还可集成闪存和无线多媒体扩展指令集(MMX)逻辑功能,这些特性有效地提高了 XScale 的数据处理能力,带有无线 MMX 的 PXA27X 在 312 MHz 主频下运行处理多媒体应用时,其性能与 520 MHz ARM 处理器相当。为了减小处理器芯片的体积和降低运行功耗,XScale 体系结构没有实现昂贵的浮点运算部件和除法部件,这些是嵌入式应用中不常用的运算,当需要这类运算时,可以通过软件方法实现。

2.5 ARM 微处理器的应用选型

鉴于 ARM 微处理器的众多优点,随着国内外嵌入式应用领域的逐步发展,ARM 微处理器必然会获得广泛的重视和应用。但是,ARM 微处理器多达十几种的内核结构,几十个芯片生产厂家,以及千变万化的内部功能配置组合,给开发人员在选择方案时带来一定的困难,因此,对 ARM 芯片做一些对比研究是十分必要的。以下将从应用的角度出发,对在选择 ARM 微处理器时应考虑的主要问题做一些简要的探讨。从前面的介绍可知,ARM 微处理器包含一系列的内核结构,以适应不同的应用领域,用户如果希望使用 Windows CE 或标准 Linux 操作系统,就需要选择 ARM720T 以上带有 MMU 功能的 ARM 芯片,如 ARM720T、ARM920T、ARM922T、ARM946T、Strong ARM 等。

ARM7TDMI 没有 MMU,不支持 Windows CE 和标准 Linux,但目前 uCLinux 和 uC/OSII 等不需要 MMU 支持的操作系统可运行于 ARM7TDMI 硬件平台。事实上,uCLinux 已经成功移植到多种不具备 MMU 的微处理器平台上,并在稳定性和其他方面都有上佳表现。本教材中的教学实验系统使用的 PXA270 是一款具备 MMU 的 ARM 微处理器,可运行 Linux、Windows CE 和 uC/OSII 等操作系统。

1. 系统的工作频率

系统的工作频率在很大程度上决定了 ARM 微处理器的处理能力。ARM7 系列微处理器的典型处理速度为 0.9 MIPS/MHz，常见 ARM7 芯片的系统主时钟频率为 20～133 MHz；ARM9 系列微处理器的典型处理速度为 1.1 MIPS/MHz，常见 ARM9 芯片的系统主时钟频率为 100～233 MHz；ARM10 芯片的系统主时钟频率最高可以达到 700 MHz。不同芯片对时钟的处理不同，有的芯片只需要一个主时钟频率，有的芯片内部时钟控制器可以分别为 ARM 核和 USB、UART、DSP、音频等功能部件提供不同频率的时钟。

2. 芯片内存储器的容量

大多数 ARM 微处理器片内存储器的容量都不大，需要用户在设计系统时外扩存储器，但也有部分芯片具有相对较大的片内存储空间，如爱特梅尔（ATMEL）公司的 AT91F40162 就具有高达 2 MB 的片内程序存储空间，用户在设计时可考虑选用这种类型，以简化系统的设计。

3. 片内外围电路的选择

除 ARM 微处理器核外，几乎所有的 ARM 芯片均根据各自不同的应用领域，扩展了相关功能模块并集成在芯片之中，我们称之为片内外围电路，如 USB 接口、IIS 接口、LCD 控制器、键盘接口、实时时钟（RTC）、模数处理（ADC）和数模处理（DAC）、DSP 协处理器等，设计者应分析系统的需求，尽可能采用片内外围电路完成所需的功能，这样可以简化系统的设计，同时提高系统的可靠性。

2.6　主流的嵌入式系统介绍

嵌入式系统并不是一个新生的事物，从 20 世纪 80 年代起，国际上就有一些 IT 组织、公司开始进行商用嵌入式系统和专用操作系统的研发，这其中涌现了一些著名的嵌入式系统，如下所述。

1. Windows CE

Microsoft Windows CE 是从整体上为资源有限的平台设计的多线程、优先权完整、多任务的操作系统，它的模块化设计允许它对从掌上计算机到专用的工业控制器这些用户电子设备进行定制。这种操作系统的基本内核需要至少 200 KB 的 ROM。

2. VxWorks

VxWorks 是目前嵌入式系统领域中使用最广泛、市场占有率最高的系统，支持多种处理器，如 x86、i960、Sun Sparc、Motorola MC68xxx、MIPS RX000、POWER PC 等。大多数的 VxWorks 应用程序接口（API）是专有的，采用 GNU 的编译和调试器。

3. pSOS

ISI 公司已经被 WinRiver 公司兼并，现在 pSOS 属于 WindRiver 公司。pSOS 系统是一个模块化、高性能的实时操作系统，专为嵌入式微处理器而设计，提供一个完全多任务环境，在定制的或是商业化的硬件上提供高性能和高可靠性，可以让开发者根据操作系统的功能和内存需求定制成每一个应用所需的系统。开发者可以利用 pSOS 来实现从简单的单个独立设备到复杂的、网络化的多处理器系统。

4. QNX

QNX 是一个实时的、可扩充的操作系统,部分遵循 POSIX 相关标准,如 POSIX.1b 实时扩展。QNX 提供了一个很小的微内核以及一些可选的配合进程,其内核仅提供 4 种服务,即进程调度、进程间通信、底层网络通信和中断处理,其进程在独立的地址空间运行。所有其他 OS 服务,都实现为协作的用户进程,因此 QNX 内核非常小巧(QNX4.x 约为 12 kbit)且运行速度极快。这个灵活的结构可以使用户根据实际的需求,将系统配置成微小的嵌入式操作系统或是包括几百个处理器的超级虚拟机操作系统。

5. Palm OS

3Com 公司的 Palm OS 在掌上计算机(PDA)市场上占有很大的市场份额,它有开放的操作系统 API,开发商可以根据需要自行开发所需的应用程序。

6. OS-9

Microwave 的 OS-9 是为微处理器的关键实时任务而设计的操作系统,广泛应用于高科技产品,如消费电子产品、工业自动化、无线通信产品、医疗仪器、数字电视/多媒体设备,提供了很好的安全性和容错性。与其他的嵌入式系统相比,OS-9 的灵活性和可升级性非常突出。

7. LynxOS

Lynx Real-time Systems 公司的 LynxOS 是一个分布式、嵌入式、可规模扩展的实时操作系统,它遵循 POSIX.1a、POSIX.1b 和 POSIX.1c 标准。LynxOS 支持线程概念,提供 256 个全局用户线程优先级,提供一些传统的、非实时系统的服务特征,包括基于调用需求的虚拟内存,一个基于 Motif 的用户图形界面,与工业标准兼容的网络系统以及应用开发工具。

8. Linux

Linux 操作系统适时地出现在国内外各嵌入式厂商的面前,Linux 由于其自身的诸多优势,吸引了许多开发商的目光,成为嵌入式操作系统的新宠。本教材主要探讨关于嵌入式 Linux 开发的问题。

第 3 章　Linux 操作系统

Linux 的出现,最早开始于一位名叫 Linus Torvalds 的计算机业余爱好者,当时他是芬兰赫尔辛基大学的学生,他的目的是设计一个代替 Minix(由一位名叫 Andrew Tannebaum 的计算机教授编写的一个操作系统示教程序)的操作系统,这个操作系统可用于具有 386、486 或奔腾处理器的个人计算机上,并且具有 Unix 操作系统的全部功能,由此开始了 Linux 雏形的设计。

嵌入式系统是以应用为中心,以计算机技术为基础,软硬件均可裁减,适应对功能、可靠性、成本、体积、功耗要求严格的应用系统的专用计算机系统,其发展已有二十多年的历史,国际上也出现了一些著名的嵌入式操作系统,如 VxWorks,Palm OS,Windows CE 等,但这些操作系统均属于商品化产品,价格昂贵且由于源代码不公开导致了对设备的支持、应用软件的移植等一系列问题。而 Linux 作为一种优秀的 Free OS,近几年在嵌入式领域异军突起,成为最有潜力的嵌入式操作系统。

3.1　Linux 介绍

从应用上讲,Linux 一般有 4 个主要部分:内核、壳(Shell)、文件结构和实用工具。

1. Linux 内核

内核是系统的心脏,是运行程序和管理磁盘、打印机等硬件设备的核心程序,它从用户那里接收命令并把命令送给内核去执行。

2. Linux Shell

Shell 是系统的用户界面,提供了用户与内核进行交互操作的一种接口,它接收用户输入的命令并把命令送入内核去执行。

实际上 Shell 是一个命令解释器,它解释由用户输入的命令并把这些命令送到内核。不仅如此,Shell 有自己的编程语言,用于对命令的编辑,允许用户编写由 shell 命令组成的程序。Shell 编程语言具有普通编程语言的很多特点,如具有循环结构和分支控制结构等,用这种编程语言编写的 Shell 程序与其他应用程序具有同样的效果。

Linux 提供了同 Microsoft Windows 类似的可视的命令输入界面——X Window 的图形用户界面(GUI),它提供了很多窗口管理器,其操作同 Windows 类似,有窗口、图标和菜单,所有的管理都通过鼠标控制。目前比较流行的窗口管理器是 KDE 和 GNOME。

每个 Linux 系统用户可以拥有自己的用户界面或 Shell,用以满足他们的 Shell 需要。

同 Linux 本身一样,Shell 也有多种不同的版本,目前 Shell 主要有以下版本。

- Bourne Shell:是贝尔实验室开发的 Shell。
- BASH:是 GNU 的 Bourne Again Shell,是 GNU 操作系统上默认的 Shell。

- Korn Shell：是对 Bourne Shell 的发展，在大部分内容上与 Bourne Shell 兼容。
- C Shell：是 SUN 公司 Shell 的 BSD 版本。

3．Linux 文件结构

文件结构是文件存放在磁盘等存储设备上的组织方法，主要体现在对文件和目录的组织上。目录提供了一个方便且有效的管理文件的途径，我们能够从一个目录切换到另一个目录，并且可以设置目录和文件的权限、设置文件的共享程度。

通过使用 Linux，用户可以设置目录和文件的权限，以便允许或拒绝其他人对其进行访问。Linux 目录采用多级树形结构，图 3-1 表示了这种树形等级结构。用户可以浏览整个系统，可以进入任何一个已授权进入的目录，访问该目录下的文件。

文件结构的相互关联性使共享数据变得容易，几个用户可以访问同一个文件。Linux 是一个多用户系统，操作系统本身的驻留程序存放在以根目录开始的专用目录中，有时被指定为系统目录。图 3-1 中根目录下的目录就是系统目录。

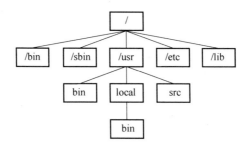

图 3-1　Linux 的目录结构

内核、Shell 和文件结构形成了基本的操作系统结构，它们使得用户可以运行程序、管理文件以及使用系统。此外，Linux 操作系统还有许多被称为实用工具的程序，用以辅助用户完成一些特定的任务。

4．Linux 实用工具

标准的 Linux 系统都有一套叫作实用工具的程序，它们是专门的程序，如编辑器、执行标准的计算操作等，用户也可以产生自己的工具。

实用工具可分为以下三类。

- 编辑器：用于编辑文件。
- 过滤器：用于接收数据并过滤数据。
- 交互程序：允许用户发送信息或接收来自其他用户的信息。

Linux 的编辑器主要有 Ed、Ex、Vi 和 Emacs，其中 Ed 和 Ex 是行编辑器，Vi 和 Emacs 是全屏幕编辑器。

Linux 的过滤器（Filter）读取来自用户文件或其他地方的输入，检查和处理数据，然后输出结果。从这个意义上说，过滤器过滤了经过它们的数据。Linux 有不同类型的过滤器，一些过滤器用行编辑命令输出一个被编辑的文件，另外一些过滤器按模式寻找文件并以这种模式输出部分数据，还有一些过滤器执行字处理操作，检测一个文件中的格式，输出一个格式化的文件。过滤器的输入可以是一个文件，也可以是用户从键盘键入的数据，还可以是另一个过滤器的输出。过滤器可以相互连接，因此，一个过滤器的输出可能是另一个过滤器的输入。在一些情况下，用户可以编写自己的过滤器程序。

交互程序是用户与机器的信息接口。Linux 是一个多用户系统,它必须和所有用户保持联系,信息可以由系统上的不同用户发送或接收。信息的发送有两种方式,一种方式是与其他用户一对一地链接进行对话,另一种是一个用户对多个用户同时链接进行通信,即广播式通信。

3.2　Linux 内核

Linux 内核是整个 Linux 系统的灵魂,Linux 内核负责整个系统的内存管理、进程调度和文件管理。Linux 内核的容量并不大,并且大小可以裁减,这个特性对于嵌入式开发是非常有好处的。一般一个功能比较全面的内核也不会超过 1 MB。合理地配置 Linux 内核是嵌入式开发中很重要的一步,对内核的充分了解是嵌入式 Linux 开发的基本要求。

Linux 内核的功能大致可分为以下几个部分。

① 进程管理:进程管理功能负责创建和撤销进程以及处理它们和外部世界的连接。不同进程之间的通信是整个系统的基本功能,因此也由内核处理。此外,控制进程如何共享 CPU 资源的调度程序也是进程管理的一部分。概括地说,内核的进程管理就是在单个或多个 CPU 上实现多进程的抽象。

② 内存管理:内存是计算机的主要资源之一,内存的管理策略是决定系统性能的一个关键因素。内核在有限的可用资源上为每个进程都创建了一个虚拟寻址空间。内核的不同部分在和内存管理子系统交互时使用一套相同的系统调用,包括简单的 malloc/free 以及一些不常用的系统调用。

③ 文件系统:Linux 在很大程度上依赖于文件系统的概念,Linux 中的每个对象几乎都可以被视为文件。内核在没有结构的硬件上构造结构化的文件系统,所构造的文件系统抽象在整个系统中广泛使用。此外,Linux 支持多种文件系统类型,即支持在物理介质上组织的结构不同。

④ 设备控制:几乎每个系统操作最终都会映射到物理设备上。除处理器、内存以及其他很有限的几个实体外,所有的设备控制操作都由与被控制设备相关的代码完成,这段代码叫作设备驱动程序,内核必须为系统中的每件外设嵌入相应的驱动程序。

⑤ 网络功能:网络功能也必须由操作系统来管理,因为大部分网络操作都和具体的进程无关。在每个进程处理数据之前,数据报必须已经被收集、标识和分发,系统负责在应用程序和网络之间传递数据。此外,所有的路由和地址解析问题都由内核处理。

3.3　主流嵌入式 Linux

除智能数字终端领域外,Linux 在移动计算平台、智能工业控制、金融业终端系统甚至军事领域都有着广泛的应用前景,这些领域的 Linux 被统称为"嵌入式 Linux",几种常见的嵌入式 Linux 如下所述。

1. RT-Linux

RT-Linux 是由美国新墨西哥矿业及科技学院开发的嵌入式 Linux 操作系统。到目前为止，RT-Linux 已经成功地应用于航天飞机的空间数据采集、科学仪器测控和电影特技图像处理等领域。RT-Linux 开发者并没有针对实时操作系统的特性而重写 Linux 的内核，因为这样做的工作量非常大，要保证兼容性也非常困难。为此，RT-Linux 提出了精巧的内核，并把标准的 Linux 核心作为实时核心的一个进程，同用户的实时进程一起调度，这样对 Linux 内核的改动非常小，并且充分利用了 Linux 现有的丰富的软件资源。

2. uCLinux

uCLinux 是 Lineo 公司的主打产品，同时也是开放源码的嵌入式 Linux 的典范之作。uCLinux 主要是针对目标处理器没有 MMU 的嵌入式系统而设计的，现已被成功地移植到很多平台上，由于没有 MMU，其多任务的实现需要一定技巧。uCLinux 是一种优秀的嵌入式 Linux 版本，是 micro-Control Linux 的缩写，它秉承了标准 Linux 的优良特性，经过各方面的小型化改造，形成了一个高度优化的、代码紧凑的嵌入式 Linux。虽然 uCLinux 的体积很小，却仍然保留了 Linux 的大多数优点：稳定、良好的移植性、优秀的网络功能、对各种文件系统完备的支持和标准丰富的 API。

uCLinux 专为嵌入式系统做了许多小型化的工作，目前已支持多款 CPU，其编译后的目标文件可控制在几百千字节(KB)数量级。

3. Embedix

Embedix 是由嵌入式 Linux 行业的主要厂商之一 Luneo 推出的，是根据嵌入式应用系统的特点重新设计的 Linux 发行版本。Embedix 提供了超过 25 种的 Linux 系统服务，包括 Web 服务器等。系统需要最小 8 MB 内存，3 MB ROM 或闪存。Embedix 基于 Linux 2.2 内核，并已经成功移植到 Intel x86 和 PowerPC 处理器系列上。同其他的 Linux 版本一样，Embedix 可免费获得。Luneo 还发布了另一个重要的软件产品，它可以让在 Windows CE 上运行的程序能够在 Embedix 上运行。Luneo 还计划推出 Embedix 的开发调试工具包、基于图形界面的浏览器等。可以说，Embedix 是一种完整的嵌入式 Linux 解决方案。

4. XLinux

XLinux 由美国网虎公司推出，主要开发者是陈盈豪，他在加盟网虎几个月后便开发出了基于 XLinux 的、号称是世界上最小的嵌入式 Linux 系统，其内核只有 143 KB，而且还在不断减小。XLinux 核心采用了"超字元集"专利技术，使得 Linux 核心不仅可以与标准字符集相容，还涵盖了 12 个国家和地区的字符集。因此，XLinux 在推广 Linux 的国际应用方面有独特的优势。

5. PoketLinux

PoketLinux 被 Agenda 公司采用并作为其新产品"VR3 PDA"的嵌入式 Linux 操作系统，它可以实现跨操作系统构造统一的、标准化的和开放的信息通信基础结构，在此结构上实现端到端方案的完整平台。PoketLinux 资源框架开放，使得普通的软件结构可以为所有用户提供一致的服务。PoketLinux 平台使用户的视线从设备、平台和网络上移开，由此引发了信息技术新时代的产生，在 PoketLinux 中，称之为用户化信息交换(CIE)，即提供和访问为每个用户需求定制的"主题"信息的能力，而不管正在使用的设备是什么。

6. MidoriLinux

由 Transmeta 公司推出的 MidoriLinux 操作系统代码开放，在 GUN 普通公共许可 (GPL) 下发布，可以在 http://midori.transmeta.com 上立即获得。该公司有个名为 "MidoriLinux" 的计划，"MidoriLinux" 这个名字源于日本的"绿色"——Midori，用来反映其

Linux 操作系统的环保外观。

7. 红旗嵌入式 Linux

由北京中科红旗软件技术有限公司推出的嵌入式 Linux 是国内做得较好的一款嵌入式操作系统。目前,中国科学院计算技术研究所自行开发的开放源码的嵌入式操作系统——Easy Embedded OS(EEOS)也已经开始进入实用阶段,这款嵌入式操作系统重点支持 p-Java,系统目标一方面是小型化,另一方面是能重用 Linux 的驱动和其他模块。由于有中国科学院计算技术研究所的强大科研力量做后盾,EEOS 有望发展成为功能完善、稳定、可靠的国产嵌入式操作系统平台。

3.4　Linux 在嵌入式领域的发展前景

1. 嵌入式计算机系统的应用

嵌入式系统早已渗入人们日常生活中的每一个角落,与我们的生活息息相关。美国汽车大王福特公司的高级经理曾宣称:“福特出售的‘计算能力’已超过了国际商用机器公司(IBM)。”显然,这并不是一个哗众取宠或者夸张的说法。

为了更好地考察这个问题,在此再次说明嵌入式系统的定义:嵌入式系统是以应用为中心,以计算机技术为基础,软硬件可裁减,适应对功能、可靠性、成本、体积、功耗要求严格的应用系统的专用计算机系统。举例来说,大到油田的集散控制系统和工厂流水线,小到家用 VCD 机和手机,甚至组成普通 PC 终端设备的键盘、鼠标、软驱、硬盘、显示卡、显示器、调制解调器、网卡、声卡等均是由嵌入式处理器控制的,嵌入式系统市场的深度和广度,由此可见一斑。目前,嵌入式系统带来的工业年产值已超过了 1 万亿美元。

2. 天造地设的绝配——Linux 和嵌入式系统

一个完整的系统,需要包括硬件和软件两个部分。尽管嵌入式系统有着无比广阔的市场需求和发展前景,但嵌入式系统的发展,多年来却经历了比相对后期产生的个人计算机更为曲折和痛苦的历程。随着微处理器的产生,价格低廉、结构小巧的 CPU 和外设连接提供了稳定可靠的硬件架构,限制嵌入式系统发展的瓶颈,突出表现在软件方面。尽管从 20 世纪 80 年代末开始,陆续出现了一些嵌入式操作系统,如 Vxwork、pSOS、Neculeus 和 Windows CE,但仍然有大量的嵌入式系统摒弃操作系统,而仅仅包括一些控制流程。当然,在嵌入式系统相对简单的情况下,这些控制流程足以应对,但当嵌入式系统的功能复杂后,即需要提供更完善的服务时,简单的控制逻辑就不足以应对了。毋庸置疑,对任何一个产品来说,服务的内容和质量,都是价值的源泉和生存的基础。

除上述优点外,Linux 与生俱来的优秀网络血统,更为今后的发展铺平了道路,这里的网络,并不仅仅指因特网,关于 Linux 在因特网中的优势,需要专门著文论述,在此提醒大家注意的是另一个也许可以说较因特网更为广阔的市场——家庭网络。尽管全世界每分每秒都有成千上万的优秀软件工程师致力于将个人计算机的操作系统变得更加简单易用,但令人遗憾的是,对某些特定的年龄和社会阶层的人群来说,要想开启精彩的网络世界的大门,依然有一道难以跨越的门槛。社会上关于个人计算机的普及班和书籍铺天盖地,而我们却从未听说过关于操作电视或者空调的培训。Linux 系统和嵌入式设备的结合,无疑将会为智能住宅及数字家电行业,注入无限的动力,这并不是超前的设想,许多具有高前瞻性的企业,已经从研发阶段过渡到生产阶段,推出了多种多样的嵌入式 Linux 操作系统的 PDA、相机以及更为概念化的智能家居。例如,以推出全球最小的嵌入式操作系统内核——夸克(Quark)而闻名于世的网虎国际,已与英特尔公司成功合作,将夸克应用于英特尔公司推出的 StrongARM 芯片上,人们可以在这一平台上享受上网和听音乐的乐趣。

3. 什么是正确的先进

绝大多数的 IT 企业,都把保持先进性视为关乎企业生死存亡的大事,但业界需要引起重视的一个现实是:网海无边,有许多技术和创意巧妙结合的精品,都很难得到应有的重视和发掘。先进是一个需要对比和评价的概念,正确的先进应该是高瞻远瞩,利用别人休息的时间找到出路,再引导大家一起向前走,如果一个人独自走得太远,过于"先进",最终也许会迷失方向。此外,想要永远保持先进,无论对于个人还是对于集体,都是一件极为吃力的事情,甚至是不可能的,正如永动机的构想。Linux 相比其他操作系统的先进之处在于,它提供了一个不停顿地、自发地寻找出路的游戏规则:它牺牲了某个个人或团队保持垄断先进性的特权,从而保障了这项事业的永远先进。网虎国际的总经理李奇申曾为 Linux 做过一个很好的评价——"这是一个符合人性的科技"。

4. Linux 嵌入系统的可操作性

事实上,我们已经可以在许多公司或个人的网站上免费得到 Linux 已开发的成品或者详尽的方案。在稳定性和效能方面,Linux 也无可挑剔,甚至会令其他的操作系统如 Windows NT 感到无地自容,在服务器方面有确实的研究指出:Linux＋Samba 的效能达 Windows NT 的 250％之多,因此再具体讨论如何开发 Linux 嵌入式系统显然有些过时。在有关 Linux 最新进展的消息当中,最引人注目和振奋人心的莫过于网虎国际公司的研发成果——超字元集(GCS)。以前曾有文章预测,支持多国语言的系统的目标,最有可能在 Linux 中达成。时隔不久,预测变为现实,网虎国际运用 GCS 技术研发出的 XLinux 1.0 版本宣布可以支持全部人类的语言。如果消息可靠,这将为全球化的合作搭建一个坚实的平台,各家电厂商在应用网虎国际的 GCS 技术的基础上,其产品也可毫无阻碍地行销世界各地。

5. 专业的工作,应该交给专业人员去做

Linux 操作系统的出现,将会更好地体现市场的专业细分原则,这至少包括以下几个方面的含义。

第一,由于 Linux 是面向大众的,操作系统和嵌入式计算设备的功能将变得更为强大,同时更加简便易用,而改变过去"你可以利用我提供的设备做许多工作,前提是你必须和我一样专业"的局面。事实上,除专业人员外,并不是人人都需要功能强大的计算设备。例如,网络的突出功能就是提供了互动的功能,但依然有许多人选择电视或其他传统媒体,因为人们并不想时时在每一个领域进行"创造",更多的时候,人们只是简单地"索取",我们也许会选择相信和依赖于某一个经过挑选的专业团体为我们提供的资讯,这种索取的需求就是市场的要求,因此,致力于提高原有设备的附加计算功能,甚至比提供专业的计算设备的附加使用功能更有价值。

第二,生产厂家可以更专心地致力于根据客户的需求,完善设计。至于相应的软件,与过去相比,可以更放心大胆地要求专业化的软件开发人员去实现厂商的设计要求。在一次计算机分销商博览会(COMDEX)上,网虎国际的总经理李奇申曾就开放资源(Open Source)与商业公司的合作,进行了一个主题演讲,他认为,软件开发的成本,从硬件(跳过了 ICE 屏障)和软件(购买授权)两方面都得到了最大程度的节约,减轻了厂商在开发成本上的顾虑。同时,由

于是开放资源,对厂商来说,可以轻易地拥有涵盖全球的开发队伍,从而保障了软件质量的可靠。

　　第三,软件开发人员将更容易并能以更小的代价,得到更加专业的开发工具。例如,可能会有人愿意自行开发一套 Linux 图形工作站,而不必再像以前一样,附在某个操作系统上。

　　第四,如果感兴趣,人人都可以涉足以上任何一个环节,这将比想象的更加容易,只要有需求和创意,那么只需要完成所感兴趣的那一小部分就足够了,其余的可以交给其他专业人员去做,这就是开放资源。

3.5　ARM Linux 系统分析

3.5.1　概述

　　ARM Linux 是一种常见的嵌入式操作系统,主要运行在以 ARM 为核心的处理器上,根据运行的层次,可以划分为三大部分:启动引导(Boot Loader),操作系统内核(Linux Kernel)和文件系统(File System)。

　　启动引导程序类似于 PC 中的 BIOS 程序,主要负责初始化系统的最基本设备,通常包括 CPU、网络、串行接口。当基本部分初始化成功后,启动引导程序会把操作系统的镜像文件装载到内存中,最后把 CPU 的控制权交给内核程序。

　　内核接管系统后,会重新检查外部器件的运行状态,初始化所有外部硬件设备,加载驱动程序,检查系统参数表,装载文件系统,运行 Shell 程序,等待用户输入命令或直接运行设定好的应用程序。内核在运行的过程中,会把基本的初始化信息打印到终端(通常是串口 0 或 LCD),并通过终端接收用户命令,它负责控制应用程序的运行状态,实现对整个系统的控制。Linux 内核是 Linux 最核心的部分,内核的优劣决定了整个系统是否稳定与高效。

　　文件系统是一种数据结构,能使操作系统明确存储介质(Flash 或硬盘等)上的文件,即明确在存储介质上组织文件的方法。文件系统通常占用大部分的存储空间,主要负责保存应用程序和数据,由 Linux 内核管理。

　　以上三部分都存储在 Flash 中,运行时,根据需要被加载到内存里。下面给出板上的地址空间分布(Memory Map),如图 3-2 所示。

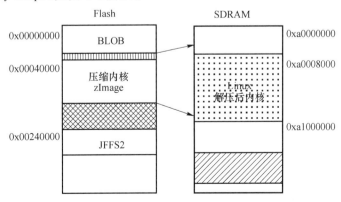

图 3-2　地址空间分布

3.5.2　启动引导

简单地说,启动引导(Boot Loader)就是在操作系统内核运行之前运行的一段小程序,通过这段程序,我们可以初始化硬件设备、建立系统参数表,从而将系统的软硬件环境带到一个合适的状态,以便为最终调用操作系统内核准备好正确的环境。

通常,启动引导是严重依赖于硬件的,特别是在嵌入式系统中,建立一个通用的启动引导几乎是不可能的,这也使得常见的启动引导有很多种,如 BLOB、PPCBoot、Vivi、RedBoot、U-Boot、E-Boot 等,每一种又分别衍生了许多版本。但不管怎么变化,其基本功能都非常类似,主要包括:

- 初始化最基本的硬件,如 CPU,Flash,同步动态随机存储器(SDRAM),网卡等;
- 使用 CPU 的串口 0 作为终端,与用户进行交互;
- 实现简单的网络协议,大部分情况下是 TFTP 服务,通过网络下载内核或下载文件系统;
- 烧写 Flash;
- 提供基本的系统参数。

本教材中的实验系统采用 BLOB Boot,下面以 BLOB 中的核心文件为参考,讲解 Boot 的启动过程。

BLOB Boot 源文件保存在文件夹/pxa270_Linux/blob 中,其中比较重要的文件有:

```
../src/blob/start.s              /* 系统的启动从这里开始 */
../src/blob/trampoline.s
../src/blob/main.c
../src/blob/xlli/mainstone/start.s
../src/blob/xlli/mainstone/xlli_LowLev_Init.s
```

可以看出,启动引导文件是由汇编代码与 C 代码混合编写的,其中汇编代码负责启动程序中最开始与最基本的部分。

1. ../src/blob/start.s

系统的启动从这里开始,当系统上电后,CPU 程序指针会指在地址 0x00000000(Flash)上,此处存储的软件就是指向这个文件,从"_start:"开始运行(入口由"_start"指定)。

2. ../src/blob/xlli/mainstone/start.s & xlli_LowLev_Init.s

这两个汇编程序主要实现了硬件的基本初始化,start.s 是主要程序的流程与框架,xlli_LowLev_Init.s 是具体的函数的实现,二者全部由汇编代码组成,是系统启动的最核心部分。建议在研究此部分时,从 start.s 入手,首先搞清楚程序的流程,如图 3-3 所示,如果有必要知道具体的实现方法,再去研究 xlli_LowLev_Init.s 文件。

3. ../src/blob/trampoline.s

这部分程序是汇编代码与 C 代码的结合点,通过这个程序,把需要运行的 C 代码装载到内存里。设置堆栈,并把程序指针指向 C 代码实现的程序。

4. ../src/blob/main.c

从这个文件开始,绝大部分调用的文件都以 C 文件格式出现。这部分程序的主要功能包括初始化串口和网络,装载内核镜像文件,在 BLOB 命令行模式下实现用户交互,具体包括:

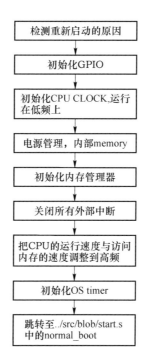

图 3-3　start.s 程序流程图

- 初始化 Flash；
- 设置网络 IP；
- 初始化串口；
- 初始化 icache；
- 初始化 LED；
- 初始化网络设备；
- 准备 BLOB 命令；
- 初始化 Flash Blocks Table；
- 初始化 Flash Partition Table；
- 装载内核镜像文件；
- 打印基本的欢迎信息，等待用户中断，进入 BLOB 命令行，或者直接启动操作系统内核。

　　Boot 的启动涉及的软硬件相关知识很多。硬件方面，需要清楚底层的物理硬件连接，知道 CPU、网卡芯片的底层寄存器的操作，了解如何读写内存与 Flash；软件方面，需要熟悉汇编语言与 C 语言，知道各种常见的数据结构，会使用交叉编译的方法，能够在目标板上熟练地进行各种操作，只有这样才能真正地进行启动引导的调试工作。

3.5.3　操作系统内核

　　内核是一个操作系统的核心，负责管理系统的进程、内存、设备驱动程序、文件和网络系统，决定着系统的性能和稳定性。

　　Linux 的一个重要的特点就是其源代码的公开性，Linux 所有的内核源程序都可以找到，大部分应用软件也都是遵循 GPL 而设计的,用户可以获取相应的源程序代码。全世界任何一个软件工程师都可以将自己认为优秀的代码加入其中,由此带来的一个明显的好处就是 Linux 修补漏洞的快速以及对最新软件技术的利用,而 Linux 的内核则是这些特点最直接的体现。

拥有内核的源程序对用户来说意味着什么? 首先,用户可以了解系统是如何工作的,通过通读源代码,用户就可以了解系统的工作原理。其次,用户可以针对自己的情况,定制适合自己的系统,这样就需要重新编译内核。再次,用户可以对内核进行修改,以符合自己的需要,这相当于自己开发了一个操作系统,但是大部分的工作已经做好了,用户所要做的只是增加并实现自己需要的功能。

1. 关于内核版本号

由于 Linux 的源程序是完全公开的,任何人只要遵循 GPL,就可以对内核加以修改并发布给他人使用。Linux 的开发采用的是集市模型(bazaar,与 cathedral,即教堂模型对应),为了确保这些无序的开发过程能够有序地进行,Linux 采用了双树系统,其中一棵树是稳定树(stable tree),另一棵树是非稳定树(unstable tree)或开发树(development tree)。一些新特性、实验性的改进等都将首先在开发树中进行。如果在开发树中所做的改进也可以应用于稳定树,那么在开发树中经过测试后,在稳定树中将进行相同的改进。一旦开发树经过了足够的发展,开发树就会成为新的稳定树。开发树就体现在源程序的版本号中,源程序版本号的形式为 $x.y.z$,对稳定树来说,y 是偶数,对开发树来说,y 比相应的稳定树大 1,此时 y 是奇数。内核版本的更新可以访问 http://www.kernel.org。

2. 为什么重新编译内核

Linux 作为一个自由软件,在广大爱好者的支持下,其内核版本在不断更新。新的内核修订了旧内核的漏洞,并增加了许多新的特性。如果用户想要使用这些新特性,或想根据自己的系统定制一个更高效、更稳定的内核,就需要重新编译内核。

通常,更新后的内核会支持更多的硬件,具备更好的进程管理能力,运行速度更快、更稳定,并且一般会修复旧版本中发现的许多漏洞等,经常性地更新系统内核是 Linux 使用者的必要操作内容。

为了正确且合理地设置内核编译配置选项,从而只编译系统需要的功能的代码,一般需要考虑以下 4 个方面的内容:

① 自己定制编译的内核运行更快(具有更少的代码);

② 系统将拥有更多的内存(内核部分将不会被交换到虚拟内存中);

③ 将不需要的功能编译到内核可能会增加被系统攻击者利用的漏洞;

④ 将某种功能编译为模块的方式比编译到内核的方式速度要慢一些。

3. 内核编译模式

要增加对某部分功能的支持,如网络等,可以把相应部分编译到内核中(build-in),也可以把该部分编译成模块(module),动态调用。如果编译到内核中,在内核启动时就可以自动支持相应部分的功能,其优点是方便、速度快,机器一旦启动,用户就可以使用这部分功能,其缺点是会使内核变得庞大,因此,可将经常使用的部分直接编译到内核中,如网卡。如果编译成模块,就会生成对应的".o"文件,在使用时可以动态加载,其优点是不会使内核过分庞大,其缺点是用户需自行调用这些模块。

Linux 内核的具体编译与实现,可以参看第 5 章实验 9。

3.5.4　文件系统

Linux 最重要的特征之一就是支持多种文件系统,这使其更加灵活并可以和许多其他的操作系统共存。Linux 常见的文件系统有:EXT,EXT2,EXT3,XIA,Minix,UMSDOS,MSDOS,VFAT(FAT16,FAT32),PROC,SMB,NCP,ISO9660,SYSV,HPFS,AFFS,RamDisk,UFS,JFFS2 等。

Linux 和 Unix 并不使用设备标志符(如设备号或驱动器名称)来访问独立文件系统,而是通过一个将整个文件系统表示成单一实体的层次树结构来访问它。Linux 每安装一个文件系统时都会将其加入文件系统层次树中。无论文件系统属于什么类型,都会被连接到一个目录上且此文件系统中的文件将取代此目录中已存在的文件,这个目录被称为安装点或安装目录,当卸载此文件系统时,这个安装目录中原有的文件将再次出现。

当磁盘初始化时(使用 fdisk 命令),磁盘中将添加一个描叙物理磁盘逻辑构成的分区结构,每个分区可以拥有一个独立文件系统(如 EXT2)。文件系统将文件组织成包含目录、软连接等存于物理块设备中的逻辑层次结构,包含文件系统的设备叫作块设备。Linux 文件系统认为块设备是简单的线性块集合,它并不关注底层的物理磁盘结构,而是由块设备驱动将对某个特定块的请求映射到正确的设备上,此块所在硬盘对应的磁道、扇区及柱面数都被保存起来。无论哪个设备持有这个块,文件系统都必须使用相同的方式来寻找并操纵此块。文件系统甚至还可以不在本地系统而在通过网络连接的远程硬盘上。

几种常见的文件系统的介绍如下。

1. 第二代扩展文件系统(EXT2)

第二代扩展文件系统由 Rey Card 设计,其目标是为 Linux 提供一个强大的可扩展文件系统,它也是 Linux 中设计最成功的文件系统。

同很多文件系统一样,EXT2 建立在数据被保存在数据块中的文件内这个前提下,这些数据块的长度相等且可以变化,某个 EXT2 文件系统的块大小在创建(使用 mke2fs 命令)时设置。每个文件的大小与刚好大于它的块大小的整数倍相等。如果块大小为 1 024 字节则一个 1 025 字节的文件将占据两个大小为 1 024 字节的块,这样会浪费将近一半的空间,通常需要在 CPU 的内存利用率和磁盘空间使用上进行折中。而大多数操作系统,包括 Linux 在内,为了减少 CPU 的工作负载而被迫选择相对较低的磁盘空间利用率。文件系统中并不是每个块都包含数据,其中有些块被用来包含描叙此文件系统结构的信息。EXT2 通过一个 inode 结构来描叙文件系统中的文件并确定此文件系统的拓扑结构。inode 结构描叙文件中的数据占据哪个块以及文件的存取权限、文件修改时间和文件类型。EXT2 文件系统中的每个文件用一个 inode 来表示且每个 inode 有唯一的编号。文件系统中所有的 inode 都被保存在 inode 表中。EXT2 目录仅是一个包含指向目录入口指针的特殊文件(也用 inode 表示)。

对文件系统而言,文件仅是一系列可读写的数据块,文件系统不需要了解数据块应放置到物理介质上的什么位置,这些是设备驱动的任务。文件系统需要从包含它的块设备中读取信息或数据时,它将请求底层的设备驱动读取一个大小为基本块大小整数倍的数据块。EXT2 文件系统将其使用的逻辑分区划分成数据块组,为了实现发生灾难性事件时文件系统的修复,每个数据块组将那些对文件系统完整性最重要的信息复制出来,同时将实际文件和目录看作信息与数据块。

2. JFFS2 文件系统

JFFS v1 最初是由瑞典的 Axis CommunicationsAB 公司开发的,并使用在该公司的嵌入式设备中,在 1999 年年末基于 GNU GPL 发布出来。最初的发布版本基于 Linux 内核 2.0,后来 Red Hat 公司将它移植到 Linux 内核 2.2,同时做了大量的测试和漏洞修复工作使其稳定下来,并且对签约客户提供商业支持。但是在使用的过程中,JFFS v1 设计中的局限不断地暴露出来,于是在 2001 年年初,Red Hat 公司决定实现一个新的闪存文件系统,这就是现在的 JFFS2。

JFFS2 是一个日志结构(log-structured)的文件系统,包含数据和原数据(meta-data)的节点,这些节点在 Flash 上顺序存储。Flash 的最小寻址单位是字节(byte),而不是磁盘上的扇区(sector),可以根据偏移量,一次读取 Flash 上任意一个字节。但在擦写时必须以擦写块为单位,一次擦除或烧写一个 Flash 块,擦写块的大小为 4~128 kbit。

JFFS2 也存在不足,挂载过程需要对 Flash 从头到尾地扫描,这个过程是很慢的,在测试中发现,挂载一个 16 MB 的 Flash 有时需要半分钟以上的时间。JFFS2 对 Flash 磨损平衡是用概率的方法来解决的,这很难保证磨损平衡的确定性。在某些情况下,可能造成对擦写块不必要的擦写操作。

3. RamDisk 文件系统

RamDisk 是一个存在于内存中的文件系统,由于它非常灵活且可以压缩,因此在嵌入式系统中得到了广泛的应用。RamDisk 一般为不可存储的文件系统,它的压缩文件会存储在 Flash 上,当系统第一次加载 RamDisk 文件系统时,首先会对其进行解压缩,并把解压好的文件放置在内存中,此后对文件系统的操作都在内存上。这部分内存空间会被模拟为硬盘空间,从而可以像对待硬盘空间一样在其上保存文件。对内存的访问速度通常可以很高,所以 RamDisk 的效率很高,可以快速地读写文件,而且在遇到故障,如意外丢失系统供电时,不会导致基本数据的丢失,因为最近本的数据都在 Flash 上,没有被改写过。

第4章 PXA270实验平台说明

4.1 Intel PXA270 概述

PXA270是英特尔公司的一款高端处理器,属于PXA27x系列,使用XScale架构。XScale架构是英特尔继StrongARM之后推出的一种32位嵌入式处理器,它除了可应用于掌上计算机外,还可应用于智能手机、网络存储设备、骨干网(BackBone)路由器等电子设备。

PXA27x系列处理器是英特尔公司推出的嵌入式处理器,它的钟频为312~624 MHz,并内建64 MB堆栈型Intel StrataFlash内存,同时内置了无线MMX技术,能够为3D游戏与影片应用提供更高的效能,显著提升多媒体性能,官方说法是,312 MHz的CPU(PXA27x系列中最低钟频的产品)将达到520 MHz ARM CPU的多媒体处理效能,而钟频达到624 MHz则可以具备775 MHz ARM CPU的表现。PXA270的框架如图4-1所示。

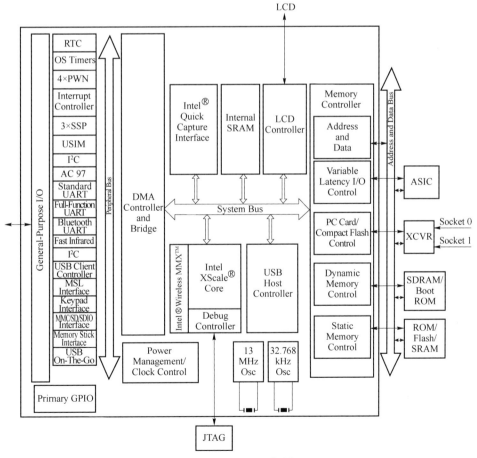

图 4-1　PXA270 框图

本教材中的实验系统采用的是 PXA270 CPU,它有非常优异的性能:

- CPU 520 MHz 运行能力;
- XScale 构架,并带有无线 MMX 指令集;
- 7 级流水线;
- 32 KB 指令缓存,32 KB 数据缓存,2 KB 微型数据缓存;
- 扩展数据缓冲;
- 256 KB 内部静态随机存取存储器(SRAM);
- 丰富的串行接口;
- 标准 IEEE 联合测试工作组(JTAG),支持边界扫描;
- 实时时钟和系统时钟;
- LCD 控制器;
- SDRAM 控制器,支持 4 个分块,最高可以运行在 104 MHz,外部 SDRAM 可以是 2.5 V、3.0 V 或 3.3 V 的电压;
- 支持扩展插槽和闪存卡;
- SD 卡/MMC 控制器(支持串行外设接口);
- 2 个 I^{2}C 控制器;
- 3 个 SSP 控制器;
- 相机接口;
- 121 个多功能通用输入输出接口(GPIO);
- 4 种低功耗模式;
- 4 个脉宽调制(PWM)。

4.2　PXA270 平台概述

　　PXA270 平台是一款基于 Intel XScale PXA270 处理器、针对嵌入式系统教学和实验科研的平台。这款设备主要包括核心板与底板两个部分,核心板主要集成了高速的 PXA270 CPU、配套的存储器、网卡等设备,如图 4-2 和图 4-3 所示;底板主要是各种类型的接口与扩展口。

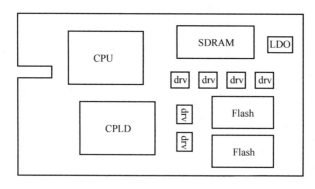

图 4-2　PXA270 核心板正面示意图

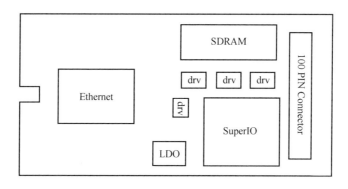

图 4-3　PXA270 核心板背面示意图(透视)

核心板(8 层 PCB 电路)系统的组成如下所述。

- CPU:Intel PXA270 (520 MHz),支持 GDB 调试(使用 BDI2000)。
- SDRAM:64 MHz,工作在 104 MHz 外频上。
- Flash:32 MB Intel 非易失闪存。
- Net:10/100 Mbit/s 以太网控制器(LAN91C111)。
- SuperIO:Winbond 83977。
- CPLD:Xilinx 95144 (117 User IO)。
- 总线驱动器:若干。

底板(4 层 PCB 电路)包括以下几部分。

1. 接口部分

- Ethernet:10/100 Mbit/s 接口 1 个。
- UART:6 个(包括 RS232,RS485,IRDA,全功能串口)。
- USB1.1:2 个(一个主机,一个外设)。
- PS2:2 个(键盘和鼠标)。
- 标准并口:1 个。
- PCMCIA:1 个。
- IDE:1 个。
- SD/MMC:1 个。
- SMC:1 个。
- CAMERA:1 个。
- 96PIN 功能扩展口:2 个。
- 4×5 小键盘。
- CPU_JTAG。
- CPLD_JTAG。

2. 显示部分

- LCD:夏普 LQ080V3DG01 8 寸真彩 LCD,分辨率为 640×480。
- VGA:640×480 或 800×600。
- LED:8×8 点阵。
- 一组 7 段 LED 数码管:8 个。

3. 音频部分

· AC97 耳机,麦克风。

4. 其他部分

· 电位器:1 个。

· 温度传感器:1 个。

· EEPROM:1 个。

· 功能按键:1 个。

· LED DIODE:若干。

PXA270 的底板示意图与实物图分别如图 4-4 和图 4-5 所示。

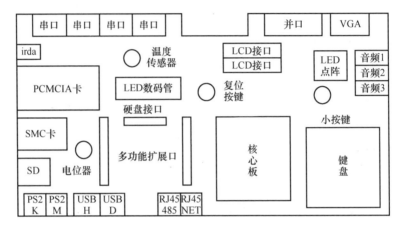

图 4-4　PXA270 底板的正面示意图

图 4-5　PXA270 实物图

4.3　系统电路说明

4.3.1　CPU 核心总线

CPU 核心总线的分布如图 4-6 所示。

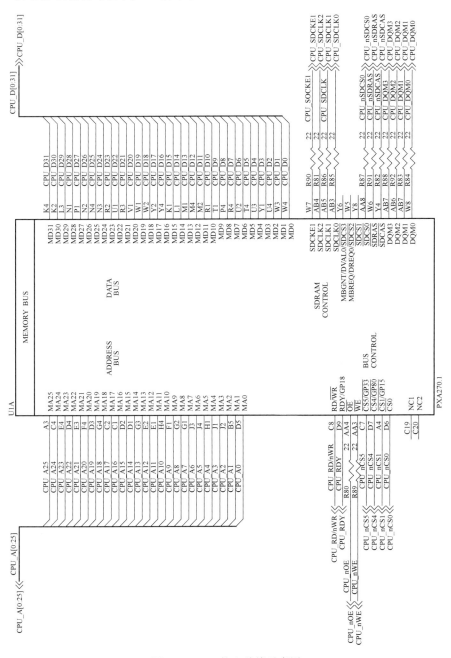

图 4-6　CPU 核心总线示意图

CPU 的核心总线包括以下部分。

- CPU_A[0:25]:26 根地址线,线性访问空间为 64 MB。
- CPU_D[0:31]:可以为 8 位,16 位,32 位工作模式。
- DQM[0:3]:屏蔽字节控制线。

    DQM0 控制屏蔽 CPU_D[0:7]的数据。

    DQM1 控制屏蔽 CPU_D[8:15]的数据。

    DQM2 控制屏蔽 CPU_D[16:23]的数据。

    DQM3 控制屏蔽 CPU_D[24:31]的数据。

    DQMn=1,屏蔽相应的字节数据输出,即代表数据无效。

    DQMn=0,相应字节数据输出有效。

- SDCLK0:访问外部静态存储器时钟。
- SDCLK[1:2]:访问外部动态存储器时钟,即访问 SDRAM 时钟。
- SDCKE:输出时钟使能信号,用于访问外部 SDRAM。
- nSDRAS,nSDCAS:SDRAM 的行列锁存信号。
- nSDCS[3:0]:SDRAM 的片选信号。

    nSDCS0 选择地址空间:0xA0000000 ～ 0xA3FFFFFF。

    nSDCS1 选择地址空间:0xA4000000 ～ 0xA7FFFFFF。

    nSDCS2 选择地址空间:0xA8000000 ～ 0xABFFFFFF。

    nSDCS3 选择地址空间:0xAC000000 ～ 0xAFFFFFFF。

- nCS[5:0]:静态存储空间的片选信号,可以进行 Flash、VLIO 等设备的选择。

    nCS0 选择地址空间:0x00000000 ～ 0x03FFFFFF。

    nCS1 选择地址空间:0x04000000 ～ 0x07FFFFFF。

    nCS2 选择地址空间:0x08000000 ～ 0x0BFFFFFF。

    nCS3 选择地址空间:0x0C000000 ～ 0x0FFFFFFF。

    nCS4 选择地址空间:0x10000000 ～ 0x13FFFFFF。

    nCS5 选择地址空间:0x14000000 ～ 0x17FFFFFF。

- nWE:静态或动态存储器总线写使能信号。
- nOE:静态或动态存储器总线读使能信号。
- RD/nWR:总线方向控制信号,等于 0,表示总线被 CPU 驱动,是对外部设备的写过程;等于 1,表示总线被外部设备驱动,为 CPU 读取外部数据。
- RDY:VLIO 设备请求插入总线读等待状态,等于 0,表示要求 CPU 等待。

CPU 通过以上信号控制 SDRAM,Flash,网卡,SuperIO 等外部设备,不论是低速还是高速,只要是和总线相关的芯片,都需要和 CPU 的这组信号打交道。

nWE,nOE 与单片机总线控制信号非常类似,控制 CPU 对总线的读写使能,具体的时序也与单片机几乎一样。而 SDCLK,SDCKE,nSDRAS,nSDCAS 信号是和 SDRAM 芯片控制相关的,只有嵌入式的、相对高端的处理器才会遇到。如果需要知道详细的控制时序,可查看 CPU 与 SDRAM 的数据手册(datasheet)。

4.3.2　SDRAM

在整个系统中,CPU 访问速度最高的外部设备就是 SDRAM。SDRAM 的原理如图 4-7 所示,其中控制信号线并不是很多。从原理上讲,SDRAM 与 RDRAM (Rambus)、DDR SDRAM 甚至 EDO RAM 本质上是一样的,都属于 DRAM(Dynamic RAM),即动态内存。所有 DRAM 的基本单元都是一个晶体管和一个电容器,如图 4-8 所示。

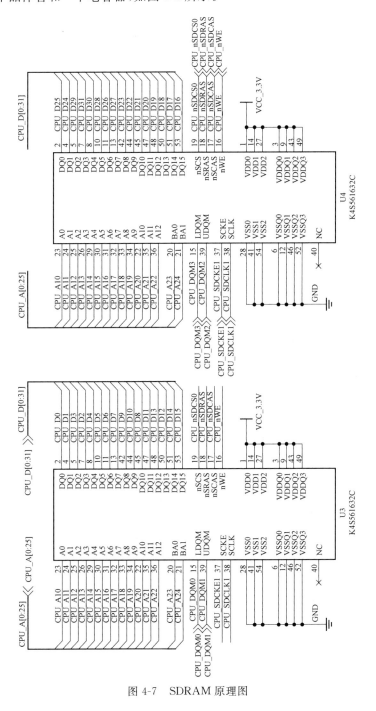

图 4-7　SDRAM 原理图

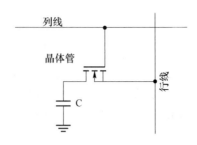

图 4-8　DRAM 单元示意图

图 4-8 中,电容器的状态决定了这个 DRAM 单元的逻辑状态是 1 还是 0,但是电容器的这个特性也是它的缺点。一个电容器可以存储一定量的电子或电荷,一个充电的电容器在数字电子中被认为是逻辑上的 1,而"空"的电容器则是 0。电容器不能持久地保持储存的电荷,内存需要不断定时刷新,才能保持暂存的数据。电容器可以由电流来充电,但这个电流是有一定限制的,否则会把电容器击穿。同时电容器的充放电需要一定的时间,虽然对于内存基本单元中的电容器这个时间很短,只有大约 $0.18 \sim 0.2\,\mu s$,但是此时内存是不能执行存取操作的。

内存最基本的单位是内存"细胞",即图 4-8 所示的部分,以下对这个部分统称为 DRAM 基本单元。每个 DRAM 基本单元代表一"位",即 1 bit,并且有一个由列地址和行地址定义的唯一地址。8 位为 1 字节,可代表 256(即 2^8)种组合,字节是内存中最小的可寻址单元。DRAM 基本单元不能被单独寻址,否则内存将会更加复杂,而且也没有必要。很多 DRAM 基本单元连接到同一个列线(Row line)和同一个行线(Column line),组成了一个矩阵结构,这个矩阵结构就是一个 Bank。大部分的 SDRAM 芯片由 4 个 Bank 组成,芯片上的 BA0 与 BA1 信号,就是用来区分这 4 个 Bank 的。

在图 4-7 所示的原理图中可以看到,数据总线部分,CPU_D(n)并不一定连接到 SDRAM_D(n)上,其中 CPU_D(n)表示 CPU 数据的第 n 位,SDRAM_D(n)表示 SDRAM 数据的第 n 位,n 可以是 $0 \sim 31$ 的整数。这是因为 SDRAM 的存取机制为原理带来了一定的灵活性。SDRAM 的读写是以字节为最小单位的,LDQM、UDQM 信号分别控制 SDRAM 数据的高字节与低字节。当低字节有效时,SDRAM_D[7:0]这 8 位同时被访问,即 8 位数据会被同时写入内存"细胞"中,或者从相应的"细胞"中读出数据。假设 CPU 的 DQM0 连接到 SDRAM 的 LDQM,CPU_D(0)连接到 SDRAM_D(1),写操作时,CPU_D(0)的数据存入 SDRAM_D(1)对应的 DRAM 基本单元中;读操作时,数据会从 SDRAM_D(1)对应的 DRAM 基本单元取数,送给 CPU_D(0),所以对 CPU 来讲,读写 SDRAM 并不会出现数据错位的现象。但这种灵活性只适用于字节之内,字节之间是不可以交换数据线的,这为集成电路板(PCB)布线带来了很大的好处,增加了布局的灵活性。SDRAM 的布线是整个系统中最讲究的,主要就是因为速度快,此处不再对 PCB 布线做更详细的介绍。

4.3.3　Flash

Flash 的原理比较简单,如图 4-9 所示,D[15:0]为数据信号,A[23:0]为地址信号。nBYTE 信号为数据宽度控制线,等于 1 时,单片 Flash 为 16 位操作,两片 Flash 同时使用,对 CPU 来讲,是 32 位操作。RP 信号为复位和断电信号,等于 0 时,会使 Flash 进入复位状态;

等于 1 时，Flash 可以被正常地读写。

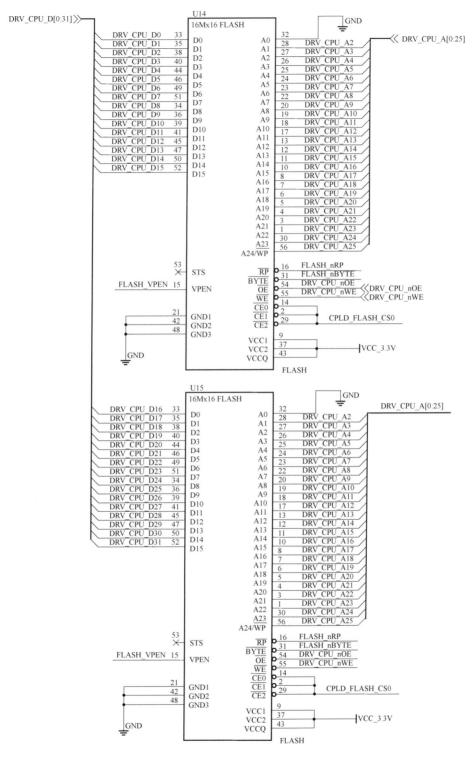

图 4-9　Flash 原理图

4.3.4 以太网控制器

PXA270 采用 SMSC 公司的单芯片的网络控制器——LAN91C111，其原理如图 4-10 所示。LAN91C111 可以工作在两种速度下，即 10 Mbit/s 以太网或 100 Mbit/s 以太网，支持与 CPU 之间进行 8 位，16 位或 32 位的数据交换。LAN91C111 的工作流程比较简单，驱动程序将要发送的数据包按指定格式写入芯片并启动发送命令，LAN91C111 会自动把数据包转换成物理帧格式在物理信道上传输；反之，芯片收到物理信号后自动将其还原成数据，并按指定格式存放在芯片 RAM 中以便主机程序取用，简言之就是 LAN91C111 完成数据包和电信号之间的相互转换。对 LAN91C111 的编程主要包括初始化、发送数据包、接收数据包三部分。

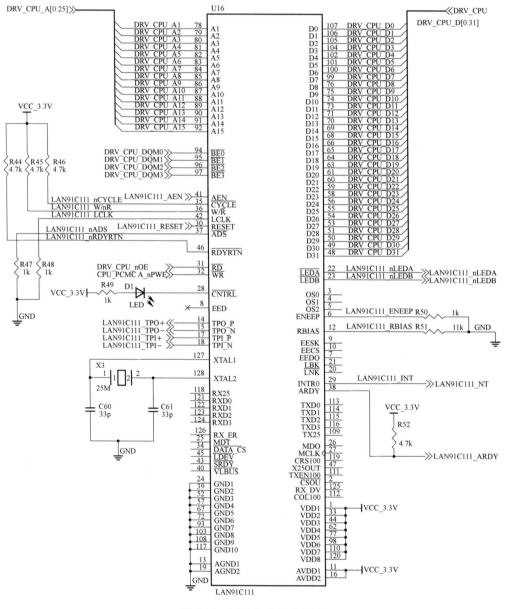

图 4-10 LAN91C111 原理图

4.3.5　系统供电框图

PXA270 使用开关电源(DC/DC)与线性稳压电源(LDO)为整个系统供电,系统供电框图如图 4-11 所示,电压有 8 种电平,外部的市电通过 DC/DC 首先提供 3 种低压直流电:+5 V, +12 V,-12 V。其中 DC+5 V 可以提供 5 A 的工作电流,负责系统最主要的供电,为 CPU、存储器、LCD 以及实验系统扩展口输出功率。CPU 使用的电源种类最多,包括 DC+3.3 V、+1.8 V、+1.3 V 和+1.1 V。

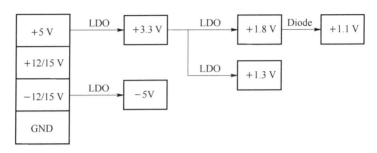

图 4-11　系统供电框图

4.3.6　串行接口

串行接口是非常基本的电路,在嵌入式系统中是必不可少的,其原理如图 4-12 所示。大多数情况下,嵌入式 CPU 的串口 0 会作为 CPU 的一个终端,为用户与 CPU 交互提供基本的输入输出信息。当 CPU 运行 Boot 代码时,通常只有串口 0 起作用;运行 Linux 内核时,如果有 LCD 显示,串口 0 与 LCD 终端会同时有效。串口 0 终端的交互方式是命令行的模式,在 Boot 阶段,支持简单的 Boot 命令,如 help,tftp 等;在 Linux 环境下,支持最常用的 Linux 命令,如 cd,ls,cp 等。

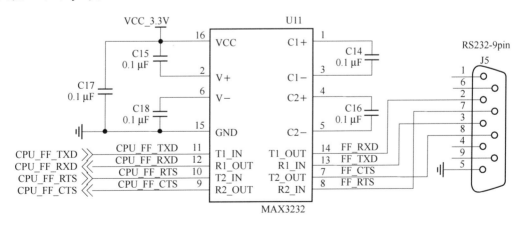

图 4-12　串行 RS232 接口原理图

PXA270 使用了多种串行芯片,如 MAX3232,MAX3243,MAX488,这些芯片都有非常典型的应用,可以支持 RS232,RS485 的串行电平转换。串行接口采用 DB9 桶型接头,外部使用直通线,要求直通线一端针型,一端桶型,连接宿主机。

4.3.7　IIC EEPROM

CPU 内置 IIC 总线控制器,为了方便用户测试 IIC 总线读写,板载两个 IIC 设备,一个是 IIC 接口的 EEPROM 24C16,为 16 kbit 的串行 EEPROM,方便用户存储一些小容量的数据, 掉电不丢失;另一个是 IIC 接口的 LED 数码管显示控制器 ZLG7290,通过控制器,控制 8 位 8 段数码管的动态扫描。IIC EEPROM 连接电路如图 4-13 所示。

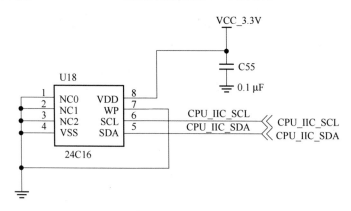

图 4-13　IIC EEPROM 连接电路图

4.3.8　LCD 接口

PXA270 自带 LCD 的控制器,支持多种 LCD 模式:

- 16 bpp RGB 5:6:5;
- 18 bpp RGB 6:6:6;
- 19 bpp RGBT 6:6:6;
- 24 bpp RGB 8:8:8,RGBT 8:8:7;
- 25 bpp RGBT 8:8:8。

PXA270 LCD 控制线如下所述。

- LDD[17:0]:LCD 数据信号。
- PCLK:像素同步信号,LCD 频率最高的控制信号。
- LCLK:行同步信号。
- FCLK:场同步信号。
- LBIAS:行有效信号。
- 其他信号。TS_MY,TS_MX,TS_PY,TS_PX 触摸屏控制信号。

LCD 扩展接口如图 4-14 所示。

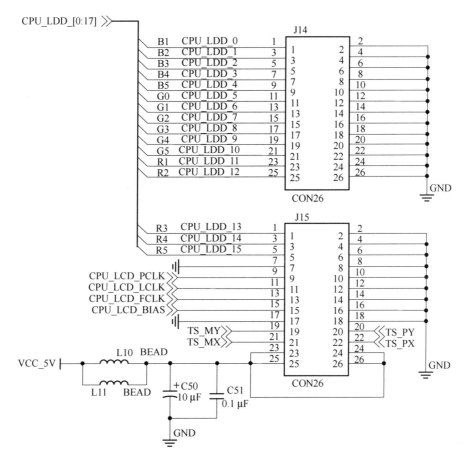

图 4-14　LCD 扩展接口示意图

4.3.9　多功能扩展口

PXA270 平台 192 pin 扩展口使用欧式插座,如图 4-15 所示,有着非常强大的扩展功能,它可以结合扩展板,完成 GPRS,GPS,CAN/485,电机,指纹识别,DSP,FPGA 等实验,学校也可以根据需要制作自己的专用电路板。欧式插座扩展接口的原理如图 4-16 所示,在扩展口中包括:

- CPU 数据总线,地址总线,读写控制信号线;
- CPU 通用 I/O,CPLD 通用 I/O;
- 串行接口,包括 UART,IIC,SPI;
- 多种电源,包括 +12 V, -12 V, +5 V, +3.3 V。

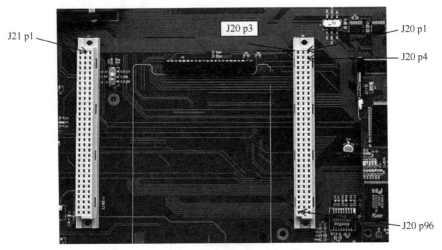

图 4-15 欧式插座扩展接口实物图

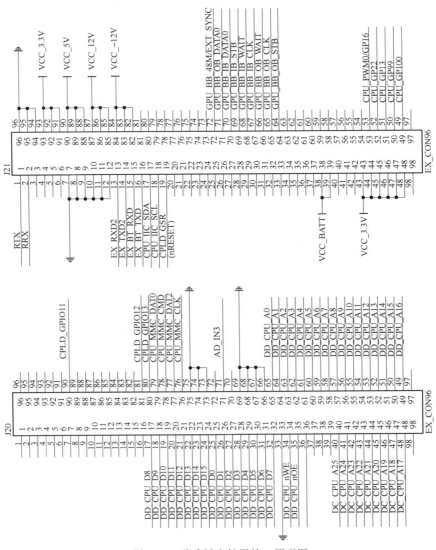

图 4-16 欧式插座扩展接口原理图

4.3.10 系统复位

系统的复位采用专用复位芯片 MAX706,当系统上电或触发外部按键时,在 MAX706 的 RESET 端会输出一个 200 ms 的复位信号,这个信号会通知整个系统进入复位状态,由于复位时间很长,可以保证系统复位可靠有效,系统复位的原理如图 4-17 所示。

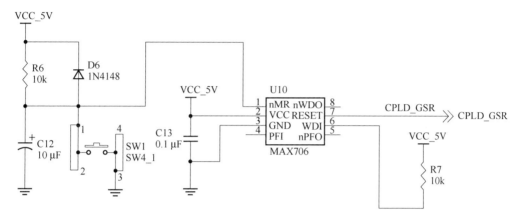

图 4-17　系统复位原理图

第 5 章　Linux 环境下的实验

本章的所有实验步骤均在宿主 PC 与 PXA270-EP 目标板上运行,为保证实验成功,请务必严格按照实验步骤进行。

实验 1　建立硬件实验平台

实验目的:正确连接宿主 PC 与 PXA270-EP 目标板。

实验内容:参照本实验指导书所列的步骤,完成宿主 PC 与 PXA270-EP 目标板的连接。

实验设备:

① 一套 PXA270-EP 嵌入式实验箱。

② 安装 RedHat 9.0 且配置好 ARM Linux 开发环境的宿主 PC。

预备知识:串口(COM1)、并口(LTP1)、网口(Ethernet)的基本知识。

实验步骤:

① 将电源线分别连接 PXA270-EP 目标板与电源插座。

② 用一根串口线将宿主 PC 的串口与 PXA270-EP 目标板的串口 0(UART 0)相连,如图 5-1 所示。

③ 用一根交叉对接网线将宿主 PC 的网口与 PXA270-EP 目标板的网口(NET)相连,如图 5-2 和图 5-3 所示。

图 5-1　　　　　　　　　　　　图 5-2　　　　　　　　　　　　图 5-3

实验注意事项:串口不要连错,是 UART 0,请看清目标板上的标注信息。

实验总结:通过本实验的操作,可以将宿主 PC 与 PXA270-EP 目标板正确地连接起来,希望实验者做到快速并熟练地进行连接,只有这样才能顺利地进行后续实验。

实验 2　Linux 操作系统 RedHat 9.0 的安装

实验目的:在宿主 PC 端安装 Linux 操作系统,我们选择安装的是常用的 RedHat 9.0。

实验内容:参照本教程给出的步骤,完成 RedHat 9.0 操作系统的安装。

实验设备:X86 宿主 PC 一台。

预备知识:Linux 基本命令。

实验步骤:本书的 RedHat 9.0 Linux 的安装,读者可以按照"Linux 安装步骤"的介绍,完成系统的安装和设置,主要安装和设置过程如下所述。

1. 安装 VMware 9.0.2 虚拟机

在 D:\ARM-s\VMWARE\下,安装文件 VMware-workstation-full-9.0.2-1031769,序列号在 VMware-workstation-full-9.0.2 序列号及汉化说明文件里。

① 如果计算机桌面上已有 VMware Workstation 图标,请跳过步骤②,直接新建一个自己的"虚拟机"。

② 点击安装文件 VMware-workstation-full-9.0.2-1031769→你要允许以下程序对此计算机进行更改吗?→Yes→Next→Typical→Next→Check for product updates on startup→Next→Help improve VMware-Workstation→Next→Desktop,Start Menu Programs folder→Next→Continue→安装完成,桌面出现"虚拟机"图标 VMware Workstation→Finish。

2. 新建一个自己的"虚拟机"

③ 点击桌面图标 VMware Workstation,进入"虚拟机"。

④ 新建一个自己的"虚拟机"。File→New→Virtual Machine..(新建一个虚拟机用户)→Typical→Next→I will install the operating system later→Next→Linux,Version:Red Hat Linux→Next→Virtual Machine name:学生自己起名(如 yh);Location:点击"Browse…",选择计算机 E 盘,新建文件夹(名称同 Virtual Machine name),确定→Next→Split virtual disk into multiple files→Next→Finish。

⑤ Linux 操作系统 RedHat 9.0 安装时,光盘 RedHat 9.0 的选择:

- RedHat 9.0 cd1.iso 或 shrike-i386-disc1.iso,约 20 分;
- RedHat 9.0 cd2.iso 或 shrike-i386-disc2.iso,约 40 分;
- RedHat 9.0 cd3.iso 或 shrike-i386-disc3.iso,约 40 分。

设置:VM→Setting→CD-ROM→Use ISO image→浏览到第一张 shrike-i386-disc1.iso 安装光盘。点击"Power on this virtual machine"按钮,打开电源,开始安装。

⑥ 安装过程启动以后,按"Ctrl+G(鼠标转换键盘)"→直接按"Enter"键,进入图形界面模式安装(注意:不要选其他选项)。

⑦ 出现"CD Found"以后,按"Ctrl+G"→选择"Skip"跳过检查→按"Enter"键→Next,直接进行安装。

⑧ 进入"Welcome"→Next。

⑨ 语言选择:选择"English 安装"→Next。

⑩ 键盘选择:选择"U.S. English"→Next。

⑪ 鼠标默认选项:选择"Wheel Mouse(PS/2)"→Next。

⑫ 进入"Installation Type":选择"Custom"→Next。

⑬ 进入"Disk Partition Setup":选择"Automatic Partitions"→Next。

⑭ 进入"Automatic Partitions":选择"Keep all Partitions and use existing free space"→Next。

⑮ 进入"Partitioning":显示硬盘自动分区的结果→Next。

⑯ 进入"Boot Loader Configuration":选择默认进入的操作系统→Next。

⑰ 进入"Network Configuration":进行网络配置,设置 IP 和网关,见图 5-4→Next。

⑱ 进入"Firewall Configuration":选择 "NO firewall"→Next。

⑲ 进入"Additional Language Support":选择语言"English(USA)"→Next。

⑳ 进入"Time Zone Selection":选择时区"Asia/Shanghai"→Next。

㉑ 进入"Set Root Password":输入 root 登录密码(最少 6 位)→Next。

㉒ 进入"Authentication Configuration":密码保护选择,见图 5-5→Next。

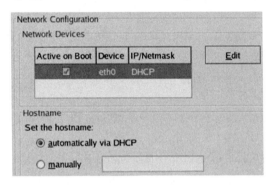
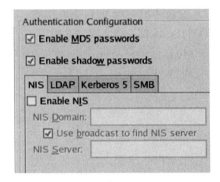

图 5-4   图 5-5

㉓ 进入"Package Group Selection":安装程序要选择"Everything"→Next(注意:必须选择"Everything",否则实验缺项,还要补装)。

㉔ 进入"About to install"→Next,文件传输,安装准备,开始安装第一张光盘。

㉕ 当需要更换光盘的时候,会自动提示放入第二、三张光盘→Next(注意:换光盘的步骤为 VM→Setting→CD-ROM→Use ISO image→ ＊. ISO→Connect→OK)。

㉖ 进入"Boot Diskette Creation":选择"No, I do not want to create a boot diskette"→Next。

㉗ 进入"Graphical Interface(X) Configuration":选择 "VESA Driver(generic)"→Next。

㉘ 进入"Monitor Configuration":选择"Unprobed Monitor"→Next。

㉙ 进入"Customize Graphical Configuration":选择"Graphical"→Next。

㉚ 进入"Congratulations"→Exit,退出光盘,完成安装,重新启动系统→等待→ 出现 Welcome 界面→Forward。

㉛ 进入"User Account界面":建立用户(也可直接跳过→Forward→Continue),如不建立可用 root 登录(注意:实验过程中在自己的虚拟机上都用 root 登录)。

㉜ 进入"Date and Time 设置"→Forward。

㉝ 进入"Sound Card 设置"→Forward。

㉞ 进入"Red Hat Network":选择"No, I do not want to register my system"→Forward。

㉟ 进入"Additional CDs"→Forward(不安装其余组件)。

㊱ 进入"Finish Setup"→Forward,至此完成了 Linux 的安装。

㊲ 进入 Linux 系统,输入用户名(Username):root 和密码(password),实验过程中在自己的虚拟机上都用 root 登录,密码是安装时自己定义的,启动完成,进入 Linux 系统。

实验注意事项：

① 若使用 VMware Workstation 虚拟机，则只需按照该软件的提示进行系统的安装即可，建议对安装完的文件进行备份，防止 RedHat 9.0 系统崩溃后，重新安装系统。

② 安装 RedHat 9.0 时，选择安全安装，即最大安装，使其能支持所有服务。

③ 若使用虚拟机来启动 RedHat 9.0，则必须保证虚拟机已经支持串口和并口以及以太网口。在 RedHat 9.0"Power Off"时，点击"Edit virtual machine"选项，弹出对话框后选择"Hardware"选项，点击"Add"按钮，添加没有添加的设备即可。

④ 若使用虚拟机来启动 RedHat 9.0，则必须保证宿主 PC 有较大内存（如 512 MB）可用。

⑤ 若在宿主 PC 中安装双系统，即 Windows 和 RedHat 9.0，则最好提前在 Windows 下用 PowerQuest PartitionMagic 8.0 软件在一个本地盘（除系统 C 盘外）分出一块大小为 15 GB 的空闲区，以便用于安装 RedHat 9.0。

实验总结：本实验的安装过程虽然有些漫长，但却为建立实验软件开发环境迈出了重要的第一步。

实验 3　建立主机软件开发环境

实验目的：建立宿主 PC 端的开发环境。

实验内容：参照本教程给出的步骤，完成宿主 PC 端开发环境的安装与配置。

实验设备：安装 RedHat 9.0 且配置好 ARM Linux 开发环境的宿主 PC。

预备知识：Linux 基本命令。

实验原理及说明：绝大多数的 Linux 软件开发都是以 native 方式进行的，即本机（host）开发、调试，本机运行的方式。这种方式通常不适用于嵌入式系统的软件开发，因为对于嵌入式系统的开发，没有足够的资源在本机（即板上系统）运行开发工具和调试工具。通常嵌入式系统软件的开发采用交叉编译调试的方式。交叉编译调试环境建立在宿主机（即一台 PC）上，对应的开发板叫作目标板，如图 5-6 所示。

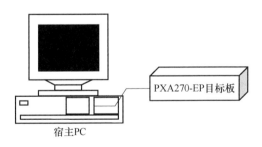

图 5-6

开发时，使用宿主机上的交叉编译、汇编及连接工具形成可执行的二进制代码（这种可执行代码并不能在宿主机上执行，而只能在目标板上执行），然后把可执行文件下载到目标机上运行。调试的方法有很多，可以使用串口、以太网口等，具体使用哪种调试方法可以根据目标机处理器所提供的支持做出选择。宿主机和目标板的处理器一般都不相同，宿主机为 Intel 或 AMD 处理器，而目标板可以为 SAMSUNG S3C2410 等处理器，本系统采用 PXA270 处理器。GNU 编译器提供这样的功能，即在编译编译器时，可以选择开发所需的宿主机和目标机，从而建立开发环境。在进行嵌入式开发前，首先需要一台装有指定操作系统的 PC 作为宿主开发机,对于嵌入式 Linux,宿主机上的操作系统一般要求为 RedHat Linux,在此推荐使用 RedHat 9.0作为宿主机(开发主机)的操作系统。宿主机在硬件上需具有标准串口、并口、网口,在软件上需具有目标板的 Linux 内核、RamDisk 文件系统映像以及启动引导。软件的更新通常使用串口或网口,最初的启动引导烧写是通过并口进行的。

实验步骤:

在宿主机上要建立交叉编译调试的开发环境。环境的建立需要许多软件模块协同工作,这将是一个比较繁杂的工作,但现在已完全由光盘上的安装脚本自动完成了。

① 安装光盘 270EP-S. ISO 中的内容到宿主机上。

选择光盘虚拟光驱:进入虚拟机 VMware Workstation 内,选 VM→Setting→ CD_ROM→Use ISO Image→Browse...→D:\ARM-s\270EP-S. ISO→OK,打开一个终端窗口(Terminal),点击红帽图标→System Tools→Terminal,启动终端窗口,在[root@ localhost root]♯路径下,输入以下 3 条命令(以后所有实验都以 root 身份登录):

① `mount /dev/cdrom /mnt/cdrom`   /∗挂载光盘,在虚拟机桌面出现 270-EP 光盘图标和
    弹出 270-EP 光盘文件窗口并关闭此窗口∗/

② `cd /mnt/cdrom`   /∗进入光盘目录∗/

③ `./Install`   /∗执行开发环境自动安装脚本∗/

如果出现光盘挂载不上,请用 umount 命令卸载光盘:umount /mnt/cdrom,再重新挂载光盘。如果卸载光盘后还是挂载不上光盘,可能是由于多次挂载,所以卸载时要卸载完全。开发环境自动安装,时长约 3 分钟。

开发环境安装完毕后,会在根目录下生成一个目录,如图 5-7 所示,输入命令:

[root@localhost cdrom]♯ cd /   /∗ 退出光盘目录∗/
[root@localhost /]♯ cd pxa270_linux   /∗进入 pxa270_linux 目录
[root@localhost pxa270_linux]♯ ls   /∗查看文件∗/

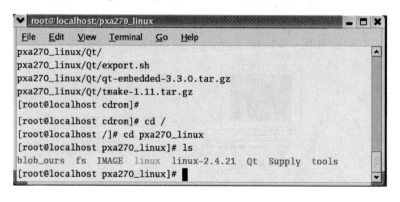

图 5-7

pxa270_linux 目录中包含以下目录。

- blob:该目录是 Boot Loader 的源码目录,在此目录中可以重新编译 BLOB。
- fs:该目录中包含 PXA270-EP 目标板使用的所有文件系统。
- IMAGE:该目录中包含所有可以下载并烧写到 PXA270-EP 目标板上运行的内核和文件系统。
- linux:该目录是一个链接到 linux-2.4.21 的目录。

- linux-2.4.21：该目录中包含嵌入式 Linux 操作系统的源码，在此目录中可以重新定制编译内核。
- Qt：该目录中包含嵌入式图形化界面应用程序开发所需的软件安装包。
- Supply：该目录中包含所有实验的部分源代码。
- tools：该目录包含烧写 BLOB 的工具和 BLOB 源文件。

此外，在/usr/local 下产生一个目录：arm-Linux，即嵌入式系统开发交叉编译器。其中包含 arm-Linux-gcc，arm-Linux-g＋＋等常用 ARM 交叉编译器，编译出来的可执行二进制代码只能运行在以 ARM 为核心的处理器上。

② 为了可以在任何目录下直接使用上述编译器，需要修改"/etc/profile"这个文件，在［root@localhost pxa270_linux］♯下进入［root@localhost root］♯，端窗口如图 5-8 所示，输入以下 2 条命令：

① cd /root

② vi /etc/profile

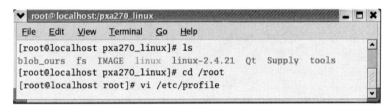

图 5-8

此时，将进入 vi 编辑器所显示的 profile 文件中，单击键盘的"A"键或"I"键，进入 vi 编辑器的输入状态（Insert），通过键盘上下键移动光标到有"pathmunge"的命令语句处，单击"Enter"键另起一行，输入以下命令语句，如图 5-9 所示：

pathmunge /usr/local/arm-linux/bin

```
# /etc/profile

# System wide environment and startup programs, for login setup
# Functions and aliases go in /etc/bashrc

pathmunge () {
        if ! echo $PATH | /bin/egrep -q "(^|:)$1($|:)" ; then
           if [ "$2" = "after" ] ; then
              PATH=$PATH:$1
           else
              PATH=$1:$PATH
           fi
        fi
}

# Path manipulation
if [ `id -u` = 0 ]; then
     pathmunge /sbin
     pathmunge /usr/sbin
     pathmunge /usr/local/sbin
     pathmunge /usr/local/arm-linux/bin
fi

-- INSERT --                                          21,36-43      Top
```

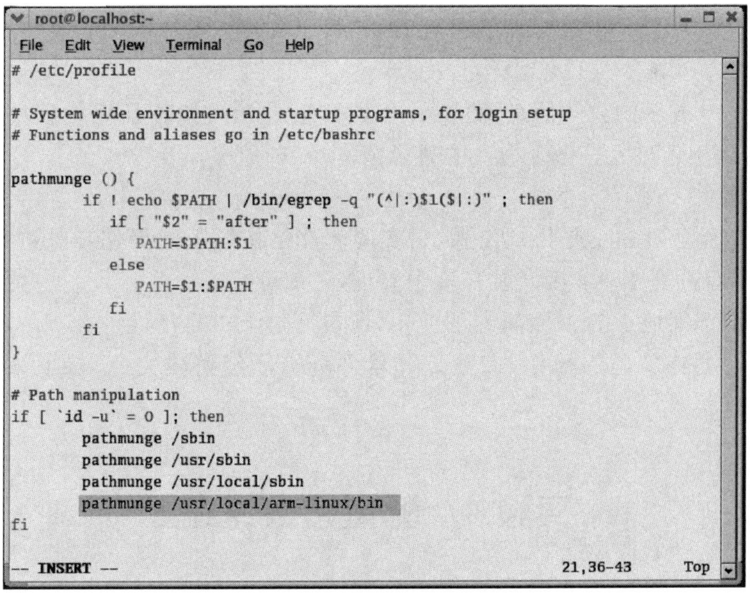

图 5-9

上述 pathmunge 命令语句输入完成后，请单击"Esc"键进入 vi 编辑器的命令状态，然后在键盘输入"：wq"，保存已编辑的 profile 文件并退出 vi 编辑器，出现"You have new mail in /var/spool/mail/root"信息。

③ 下面可以试验是否成功设置了交叉编译环境。

（a）如果安装使用的是图形界面，请选择红帽图标→点击"LogOut"退出→再以 root 进入。

在 [root@localhost root]# 下，输入：

`arm-linux-gcc -v`   /＊打印出交叉编译器的版本信息，如图 5-10 所示＊/

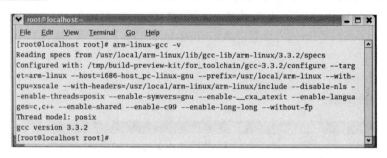

图 5-10

（b）如果不在图形界面环境，请输入以下 2 条命令（安装图形界面的此步不做）：

① `exit`   /＊如图 5-11 所示＊/
② `arm-linux-gcc -v`   /＊打印出交叉编译器的版本信息，如图 5-10 所示＊/

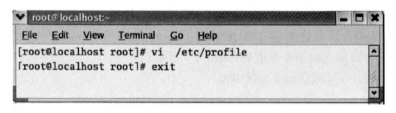

图 5-11

若出现图 5-10 所示的打印信息，则表示设置成功，此后可以在任何终端目录下执行 arm-linux-gcc 命令，而不用进入该命令所在的目录中。

实验注意事项：

① 若对本实验环境还不是特别熟悉，请实验者严格按照上述操作步骤进行操作，本实验中的所有操作都经过笔者在实际实验环境中验证，正确可行。

② 若想更加详细地了解 vi 编辑器的使用，请参见附录 2 的介绍。

实验总结：通过本实验的操作，实验编译软件环境已经搭建完成，接下来可以进行后续实验。

实验 4   配置超级终端

超级终端的作用：超级终端是一种串口的通信工具，适合标准串口之间交换数据；超级终端作为嵌入式实验箱的终端,监视并控制其工作状态。

实验步骤:

如果点击"开始",看到图标 ,则双击,直接进行步骤④。

① 进入 D:\ARM-s\hypertrm 超级终端 Win7 下,双击 htpe7 安装→是(Y)→默认 Next→同意→Intall HypeTeminoll to its default location→Next→Proceed→确定→Finish。

② 将 hyerrtrm. dll 复制到 C:\Program Files\Hyper Terminal,选择复制和替换(按安装说明操作)。

③ 进入 D:\ARM-s\hypertrm 超级终端 Win7\hypertrm\下,双击 hypertrm 。

④ 进入图 5-12 所示界面,输入名字,选择图标→确定。

⑤ 进入图 5-13 所示界面,建立自己的串口终端,选择连接时使用的串口 COM1(计算机一般接 COM1 口,如果串口接到 COM2,则要选 COM2)→确定。

⑥ 进入图 5-14 所示界面,COM1 端口设置分别选择"115 200""8""无""1""无"→确定→进入图 5-15 所示配置好的超级终端。

⑦ 退出并保存:文件→退出→确定断开吗? →Y→保存会话 123 吗? →Y。

图 5-12　　　　　　　　　　　　　　　　　图 5-13

图 5-14

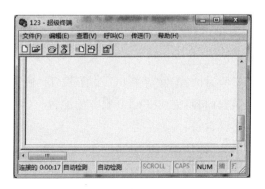

图 5-15

注意：不能在"Power this virtual machine"进入后添加设备。如已进入，则需 LogOut→ Shut Down→Edit virtual machine setting，添加设备，步骤同上。

先打开超级终端界面，再打开 PXA270 目标板电源或按 PXA270 目标板 Reset 键，在超级终端将出现图 5-16 所示界面。

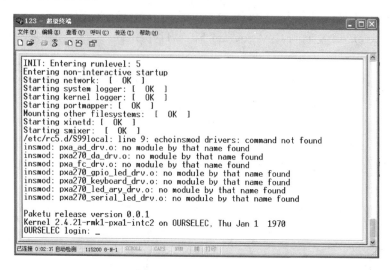

图 5-16

实验注意事项：

① 请务必按照本实验指导书提供的参数来设置，否则即便正确连接了宿主 PC 和 PXA270-EP 目标板，并给目标板通电后，也无法看到目标板的启动信息。

② 在宿主 PC 的窗口中，可以在进入超级终端之后，再给 PXA270-EP 目标板上电，这样就可以清楚地看见 PXA270-EP 目标板启动 Linux 系统的过程。

③ 每次只能打开一个超级终端窗口。

实验总结：本实验建立了宿主 PC 与 PXA270-EP 目标板的通信环境，实验者可以在宿主 PC 的终端窗口中启动超级终端来作为 PXA270-EP 目标板的显示终端，此后对 PXA270-EP 目标板进行任何操作，都将在该超级终端窗口中显示。

实验 5　配置 TFTP 服务

实验目的：配置宿主 PC 端的 TFTP 服务，并开通此服务。

实验内容：完成 TFTP 服务的配置。

实验设备：

① 一套 PXA270-EP 嵌入式实验箱。

② 安装 RedHat 9.0 且配置好 ARM Linux 开发环境的宿主 PC。

预备知识：Linux 基本命令。

实验步骤：

TFTP(Trivial File Transfer Protocol)即简单文件传输协议，使用此服务传送文件时没有数据校验、密码验证，非常适合小型文件的传输。在通过 TFTP 传送文件时，需要服务端和客户端，对嵌入式系统来讲，服务端就是宿主机，下面对宿主机进行配置。

① 对于经典的 RedHat 9.0 版本，在宿主 PC 端，打开一个终端窗口，点击红帽图标→System Tools→Terminal，启动终端窗口，输入以下命令：

［root@localhost root］♯ setup

进入设置界面后，通过键盘上下键选择"System services"，如图 5-17 所示，单击"Enter"键后，使用空格键将"tftp"一项选中（出现"＊"表示选中），并使用空格键去掉"ipchains"和"iptables"两项服务（即去掉前面的"＊"）。然后单击键盘"Tab"键选中"OK"退出到设置主界面。

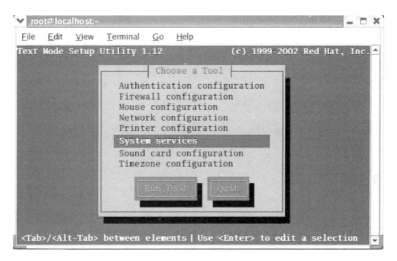

图 5-17

然后通过键盘上下键选择"Firewall Configuration"，使用键盘"Tab"键移到"No firewall"，并用空格键将其选中，如图 5-18 所示。然后单击"Tab"键选中"OK"退出到设置主界面。最后，再次单击"Tab"键选中"Quit"退出整个设置界面，退出 setup。

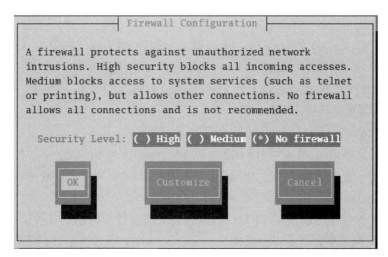

图 5-18

② 在同一个终端窗口中输入以下命令启动 TFTP 服务：

[root@localhost root] # service xinetd restart

上述命令执行完成后，会出现如下信息，如图 5-19 所示：

Stopping xinetd：   [OK   ]

Starting xinetd：   [OK   ]

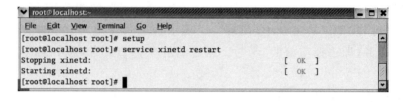

图 5-19

配置完成后，建议简单测试一下 TFTP 服务器是否可用，在同一个终端窗口中，输入以下 5 条命令，如图 5-20 所示：

① ifconfig eth0 192.168.0.100 up   /＊设置宿主 PC 的 IP 地址＊/

② cp /pxa270_linux/IMAGE/zImage /tftpboot/ － arf   /＊ cp 是复制文件命令＊/

③ tftp 192.168.0.100   /＊用 TFTP 服务登录本机＊/

④ tftp＞ get zImage   /＊使用 TFTP 服务得到文件 zImage＊/

⑤ tftp＞ q   /＊退出 TFTP 服务＊/

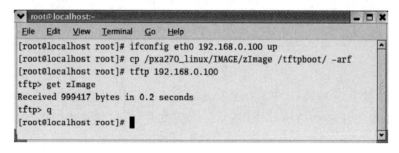

图 5-20

若出现信息"Received 999417 bytes in 0.2 seconds"，则表示 TFTP 服务器配置成功。若出现信息"Timed out"，则表示未成功，此时，需要按照上述步骤重新检查一遍。

之所以要将文件复制到/tftpboot 目录下，是因为利用 TFTP 服务传输文件时，会在/tftpboot 目录中寻找需要被传输的文件。

实验注意事项：

① 每次重新启动宿主 PC 的 Linux 操作系统时，务必通过 ifconfig 命令查看该机的 IP 地址，若其已经复位，请重新通过命令"ifconfig eth0 192.168.0.100 up"重置宿主 PC 的 IP 地址，并且务必将宿主 PC 的 IP 地址设置为 192.168.0.100。

② 按照本实验指导书设置完 TFTP 服务后，请务必通过实际的文件传输来验证该服务能够正常工作，否则将无法完成实验的操作。

③ 在用 TFTP 服务完成宿主 PC 与 PXA270-EP 目标板之间的文件传输时，必须先将要下载传输的文件复制到宿主 PC 的/tftpboot 目录中，否则将无法完成文件传输操作。

实验总结：通过本实验的操作，实验者可以利用已经启动好的 TFTP 服务来完成宿主 PC 与 PXA270-EP 目标板之间的文件传输。

实验 6　配置 NFS 服务

实验目的：配置宿主 PC 端的 NFS 服务，并开通此服务。

实验内容：完成 NFS 服务的配置。

实验设备：

① 一台 PXA270-EP 嵌入式实验箱。

② 一台安装 RedHat 9.0 且配置好 ARM Linux 开发环境的宿主 PC。

预备知识：Linux 基本命令。

实验步骤：

NFS(Network File System)即网络文件系统，是 Linux 系统中经常使用的一种服务，NFS 是一个 RPC 服务，类似于 Windows 中的文件共享服务。NFS 的设计是为了在不同的系统间使用，因此它的通信协议设计与主机及作业系统无关。当使用者想用远端档案时只要用 "mount"命令就可把远端档案系统挂接在自己的档案系统之下，使得远端的档案在使用上和本地端的档案相同。

① 首先打开 PXA270 目标板电源。在 NFS 服务中，主机(Servers)是被挂载端，为了使远端客户机(Clients)(如 PXA270 目标板)可以访问主机的文件，主机需要配置两方面内容：打开 NFS 服务；允许"指定用户"访问宿主 PC。

在宿主 PC 端，打开一个终端窗口，点击红帽图标→System Tools→Terminal，启动终端窗口，输入以下命令打开宿主机的 NFS 服务：

[root@localhost root] ♯ setup

进入设置界面后，通过键盘上下键选择"System services"，单击"Enter"键后，使用空格键将"nfs"一项选中(出现" ＊ "表示选中)，并使用空格键去掉"ipchains"和"iptables"两项服务(即去掉前面的" ＊ ")。然后单击键盘"Tab"键选中"OK"退出，再次单击"Tab"键选中"Quit"退出整个设置界面。

② 在步骤①中打开的终端窗口中，修改根目录下/etc 目录中的 exports 文件，输入以下 2 条命令允许"指定用户"访问宿主 PC：

① ifconfig eth0 192.168.0.100 up

② vi /etc/exports

此时将进入 vi 编辑器所显示的 exports 文件中。单击键盘"A"键，进入 vi 编辑器的输入状态，通常这是一个空文件，通过键盘上下键移动光标到文件顶端(若不是空文件，则另起一行)，输入下列语句，如图 5-21 所示：

/　192.168.0.50 (rw,insecure,no_root_squash,no_all_squash)

上述语句输入完成后，单击"Esc"键进入 vi 编辑器的命令状态，然后在键盘输入"：wq"，保存已编辑的 exports 文件并退出 vi 编辑器。

③ 在上述终端窗口中，重新启动 NFS 服务，输入以下 2 条相同的命令：

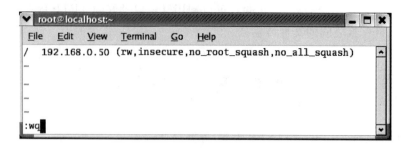

图 5-21

① service nfs restart 或 /etc/rc.d/init.d/nfs restart
② service nfs restart 或 /etc/rc.d/init.d/nfs restart

若出现图 5-22 所示的打印信息,则表示宿主 PC 重新启动了 NFS 服务。

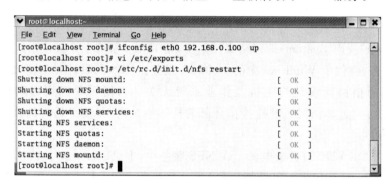

图 5-22

当设置生效后,即表示:允许 IP 地址为 192.168.0.50 的机器(实验开发系统)访问 IP 地址为 192.168.0.100 的宿主 PC 的根目录(/),也可以更改这个 IP 地址,以便允许不同的计算机访问宿主机的内容。

实验注意事项:

① 每次重新启动宿主 PC 的 Linux 操作系统时,务必通过 ifconfig 命令查看该机的 IP 地址,若其已经复位,请通过命令"ifconfig eth0 192.168.0.100 up"重置宿主 PC 的 IP 地址,否则挂载宿主 PC 到 PXA270-EP 实验开发系统的操作会不成功(即命令"mount -o nolock 192.168.0.100:/ /mnt"将操作不成功)。

② 在超级终端中用命令"ifconfig eth0 192.168.0.50"给 PXA270 实验开发系统设置 IP 地址。宿主机和 PXA270 实验开发系统的 IP 地址要设置在同一网段内,否则将无法通信。

实验总结:按照上述实验步骤操作,就可以在超级终端窗口下,让宿主 PC 通过网络挂接到 PXA270-EP 实验开发系统的相应文件夹下,可以看到,在 Linux 下的实验,使用超级终端通过串口向 PXA270-EP 实验开发系统发送指令,而通过网络传送数据。

注意:实验 1~5 可以不开实验箱电源,因为是设置主机的配置。实验 6 要开实验箱电源设置,否则在以后的实验中可能会出问题。

实验 7　HelloWorld

实验目的：正面接触嵌入式 Linux 的开发，编写嵌入式系统的应用程序，亲身实践开发的步骤。

实验内容：完成编写、编译并运行 HelloWorld 程序实验。

预备知识：要求有基本的 C 语言编程经验。

实验设备：

① 一台 PXA270-EP 嵌入式实验箱。

② 一台安装 RedHat 9.0 且配置好 ARM Linux 开发环境的宿主 PC。

实验步骤：

① 硬件连接：按照实验 1 的步骤，连接宿主 PC 和一台 PXA270-EP 目标板。

② 打开宿主 PC 的电源。

③ 进入 Linux 系统，启动 RedHat 9.0 的图形界面（若以 root 身份登录在文本模式下，则输入命令"startx"启动图形界面）。进入 RedHat 9.0 图形界面后，打开一个终端窗口，点击红帽图标→System Tools→Terminal，启动终端窗口，如图 5-23 所示。

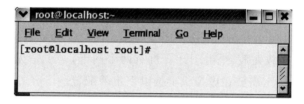

图 5-23

④ 使用计算机超级终端（设置应为 115200,8N1，无流控）：开始→所有程序→Hyper Terminal Private Edition→Hyper Terminal Connections→ *.ht→进入。

⑤ 打开 PXA270-EP 实验箱电源（或按实验箱上的 Reset 键），在 Windows 超级终端中会出现图 5-24 所示界面。

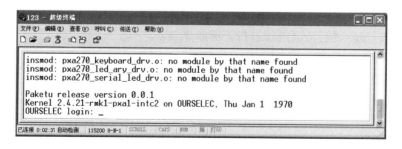

图 5-24

⑥ 在图 5-23 所示的终端窗口内，输入以下 4 条命令：

① `ifconfig eth0 192.168.0.100 up`

② `service xinetd restart`

③ service nfs restart

④ service nfs restart

⑦ 在 Windows 超级终端窗口中,输入以下 4 条命令,如图 5-25 所示:

① root   /* root 用户进入目标板的文件系统中 */

② ifconfig eth0 192.168.0.50 up   /* 设置 PXA270-EP 目标板的 IP 地址 */

③ mount -o nolock 192.168.0.100:/ /mnt /* 挂载宿主机根目录到目标板/mnt 目录下 */

④ cd /mnt   /* 进入目标板的/mnt 目录下 */

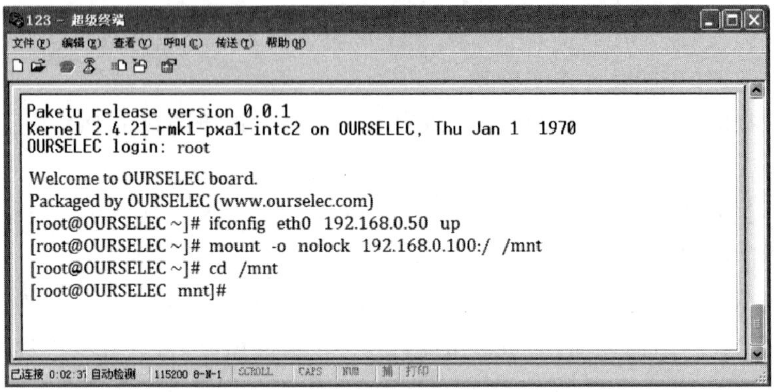

图 5-25

注意:如果输入命令"mount -o nolock 192.168.0.100:/ /mnt"后出现挂载宿主机根目录到目标板 /mnt 目录下挂载失败,是由于计算机有两个网卡,一个是无线网卡,一个 PCI 总线网卡,虚拟机不知选哪一个,需要在虚拟机上按以下步骤配置。

(a) 选择 Edit→Virtual Network Editor→你要允许以下程序对此计算机进行更改吗?→是(Y)→选择 Bridge(connect VMs directly to the external network)下的 Bridge to:→Realtek PCIe GBE Family Controller→ OK。

(b) 选择 VM→setting→点击 Network Adapter→在 Device staus 下选择 Connected,再选择 Connect at power on→在 Network connection 下选择 Bridge:Connected directly to the physical network,再选择 Replicate physical network connection state→OK。

网卡配置好后,在 Windows 超级终端窗口中重新输入上面第③条命令。挂载宿主机根目录到目标板就会成功,之后可以继续进行下面的步骤。

⑧ 在宿主机的终端窗口,输入以下 4 条命令:

① cd /home

② mkdir HW   /* 建目录 */

③ cd HW

④ vi HelloWorld.c   /* 请输入程序清单 5.1 */

此时会显示一个空白的屏幕,第④条命令的含义是,使用 vi 编辑器,对一个名叫 HelloWorld.c 的文件进行编辑,我们看到的空白窗口是对文件进行编辑的窗口,如图 5-26 所示,类似于在 Windows 系统下使用写字板等(vi 编辑器的使用方法可以参阅附录或其他资料)。

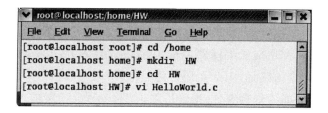

图 5-26

在 vi 里面首先单击键盘"A"键,进入 vi 的输入模式,输入程序时和其他编辑器是一样的, 如图 5-27 所示。

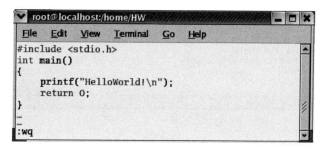

图 5-27

输入程序完毕后,单击键盘"Esc"键,然后输入":wq",最后单击"Enter"键确认存盘退出 vi 编辑器,如图 5-28 所示。

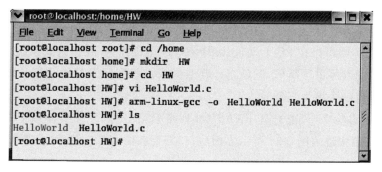

图 5-28

⑨ 在同一个终端窗口中,输入以下 2 条命令交叉编译 HelloWorld.c 源程序,并查看生成 的".o"目标文件,如图 5-29 所示:

① arm-linux-gcc -o HelloWorld HelloWorld.c

② ls

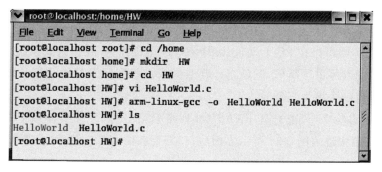

图 5-29

等到再次出现提示符,代表程序已经正确编译。如果此步出现错误信息,请查看错误信息,并重新编辑原来的 C 文件,修改错误,直到正确编译。

上述命令的含义是,调用交叉编译器 arm-linux-gcc 编译 HelloWorld. c 文件。由于已经在实验 3 中加入了该命令的路径,因此在任何路径下,可以直接输入命令 arm-linux-gcc 编译源程序文件,参数"-o"后面为目标文件,编译后生成 HelloWorld 文件,如果编译出错,将不产生此文件。

编译器 arm-linux-gcc 生成的可执行文件 HelloWorld 是不能在宿主 PC 上运行的,只能在 PXA270-EP 目标板上运行,因此下面将转到 Windows 超级终端窗口中运行该目标程序。

⑩ 进入 Windows 超级终端的窗口,即到 PXA270-EP 目标板的/mnt 目录下,输入以下 3 条命令,运行编译成功的 HelloWorld 目标程序:

① `cd home/HW`   /∗回到目标板/mnt/home/HW 目录下∗/

② `ls`

③ `./HelloWorld`   /∗此时会看到图 5-30 所示界面∗/

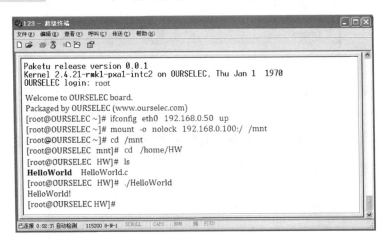

图 5-30

图 5-30 所显示的运行结果"HelloWorld!",表示程序运行成功。

实验注意事项:

① 本实验要求在宿主 PC 端编写并编译第一个应用程序,务必按照实验指导书的步骤操作,在此过程中对 Linux 应用程序的编写编译过程有一个全面的认识。

② 挂载宿主机根目录到目标板的/mnt 目录下,如果挂载不上,可在目标板♯ping 192.168.0.100 或在宿主机♯ping 192.168.0.50,检查宿主机与目标板的通信。

实验总结:

① 根据以上步骤可以在 PC 上编辑、编译一个应用程序,并在嵌入式系统上运行和调试该程序。本实验中的程序虽然简单,但是它是典型嵌入式程序开发的一个反映,通过本实验,可以对嵌入式开发有一个更为直观的认识。

② 在以后的实验中,只要打开 PXA270-EP 实验箱电源(或按实验箱上的 Reset 键),在 Windows 超级终端中进入图 5-24 所示界面后,就需要在图 5-23 所示的虚拟机的终端窗口内,输入以下 4 条命令:

① ifconfig eth0 192.168.0.100 up

② service xinetd restart

③ service nfs restart

④ service nfs restart

在 Windows 超级终端窗口中,输入以下 3 条命令:

① root　　　　　　　　　　　　　　/* root 用户进入目标板的文件系统中 */

② ifconfig eth0 192.168.0.50 up　　　　/* 设置 PXA270-EP 目标板的 IP 地址 */

③ mount -o nolock 192.168.0.100:/ /mnt

上述操作成功后,即完成了 Windows 超级终端(实验箱)和虚拟机终端(计算机)的通信。

实验参考程序:

程序清单 5.1

```
**************************************************
//HelloWorld.c
# include <stdio.h>
int main()
{
    printf("HelloWorld! \n");
    return 0;
}
**************************************************
```

实验 8　配置并编译 Boot Loader

实验目的:掌握编译 XScale 系统 Boot Loader 的过程。

实验内容:编译 ARM Linux 的 Boot Loader。

预备知识:熟悉 Linux 基本操作。

实验设备:

① 一台 PXA270-EP 嵌入式实验箱。

② 一台安装 RedHat 9.0 且配置好 ARM Linux 开发环境的宿主 PC。

实验步骤:

Boot Loader 前面已经有所介绍,本次实验是真正动手配置并编译 Boot Loader。

① 在宿主 PC 端,打开一个终端窗口,点击红帽图标→System Tools→Terminal,启动终端窗口。

首先找到 BLOB Boot,如图 5-31 所示,默认在文件夹/pxa270_linux/blob/blob_xscale 中(最好将安装光盘时存放在/pxa270_linux/tools 目录下的 blob 文件先做一个备份,以防在此实验中编译生成的 blob 文件存在问题),如果是第一次编译,输入以下 2 条命令:

① cd /pxa270_linux/blob /blob-xscale

② make -f Makefile.cvs

root@localhost:/pxa270_linux/blob_ours/blob-xscale
File Edit View Terminal Go Help
[root@localhost root]# cd /pxa270_linux/blob_ours/blob-xscale/
[root@localhost blob-xscale]# make -f Makefile.cvs

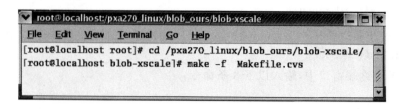

图 5-31

② 如果运行正确，会有图 5-32 所示结果，再输入以下命令配置 Boot Loader：

./configure --host = arm-linux --with-board = mainstone --with-linux-prefix = /pxa270_ linux/linux/ --enable-xlli --enable-network

root@localhost:/pxa270_linux/blob_ours/blob-xscale
File Edit View Terminal Go Help
[root@localhost blob-xscale]# make -f Makefile.cvs
aclocal
autoheader
autoconf
automake --add-missing
[root@localhost blob-xscale]# ./configure --host=arm-linux --with-board=mainston
e --with-linux-prefix=/pxa270_linux/linux/ --enable-xlli --enable-network

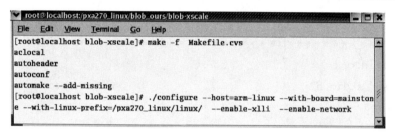

图 5-32

③ 通过执行上述命令得到配置结果后，输入以下命令进行编译，如图 5-33 所示：

make

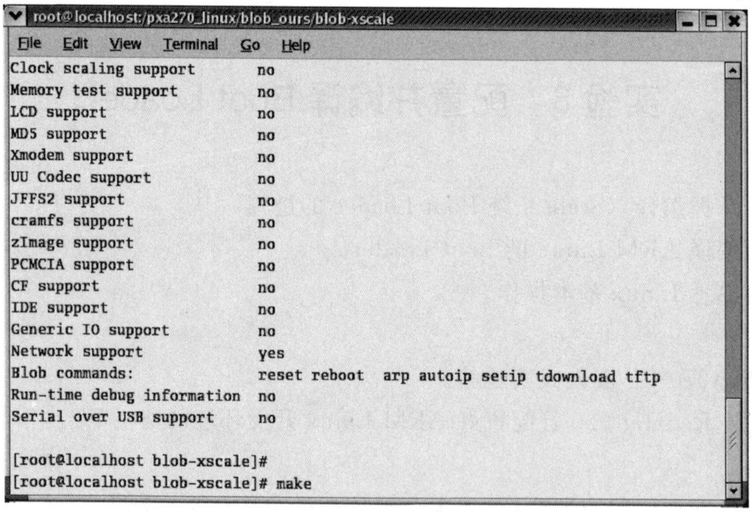

root@localhost:/pxa270_linux/blob_ours/blob-xscale
File Edit View Terminal Go Help
Clock scaling support no
Memory test support no
LCD support no
MD5 support no
Xmodem support no
UU Codec support no
JFFS2 support no
cramfs support no
zImage support no
PCMCIA support no
CF support no
IDE support no
Generic IO support no
Network support yes
Blob commands: reset reboot arp autoip setip tdownload tftp
Run-time debug information no
Serial over USB support no
[root@localhost blob-xscale]#
[root@localhost blob-xscale]# make

图 5-33

第一次执行时，会需要较长的时间，并会打印出很多的相关信息。如果 BLOB 工程没有问题，会生成二进制文件 blob，保存在/pxa270_linux/blob/blob-xscale/src/blob 文件夹下，可以将生成的 blob 文件复制到/pxa270_linux/tools 目录下，以供后面烧写。源文件进行修改后，可用此命令重新编译工程，与修改无关的文件不会再被编译。

当需要清空之前已经编译好的结果,再进行编译生成新的 blob 文件时,需要使用以下 2 条命令:

① make　clean

② make

实验注意事项:请再次阅读 3.5 节中 Boot Loader 的相关知识。

实验总结:

① Boot Loader 是嵌入式系统的基本部分,负责系统的启动与初始化,熟悉并理解它的工作原理与使用是进行嵌入式开发的一个前提(要了解 BLOB 的原理,可以参考 3.5.2 节)。编译 Boot Loader 是非常基本的实验,要想深入掌握嵌入式的开发,必须要能够熟练掌握此实验。

② Boot Loader 是嵌入式系统最初的运行程序(引导程序),它在系统复位时被运行。

实验 9　编译 Linux 内核

实验目的:掌握编译嵌入式 Linux 系统内核的过程。

实验内容:完成编译 Linux 内核。

预备知识:熟悉 Linux 基本操作。

实验设备:

① 一台 PXA270-EP 嵌入式实验箱。

② 一台安装 RedHat 9.0 且配置好 ARM Linux 开发环境的宿主 PC。

实验步骤:

① 在宿主 PC 端,打开一个终端窗口,点击红帽图标→System Tools→Terminal,启动终端窗口,输入以下 9 条命令配置内核并编译内核:

① cd /pxa270_linux/linux　　　　/* 进入 Linux 内核文件所在的目录 */

② ls　　　　　　　　　　　　　　/* 查看内核文件结构 */

② 输入以下命令:

③ make menuconfig　　　　　　/* 推荐使用,如图 5-34 所示 */

这条命令是用来调用菜单式的配置内核界面,相应的还有命令行式的配置方法。

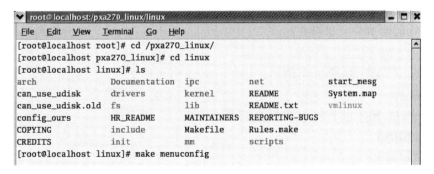

图 5-34

"make menuconfig"界面是图形化的内核裁减界面,通过此部分,用户可以方便地决定哪些部分被加载并编译入 Linux 内核,哪些部分被编译为模块,哪些部分不用。用户可以使用"Save Configuration to an Alternate File"命令保存自己的配置文件,如图 5-35 和图 5-36 所示。

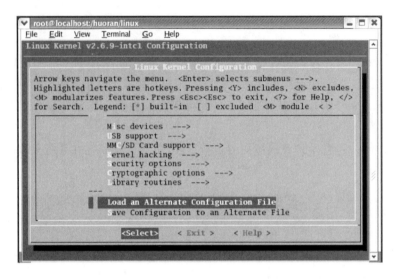

图 5-35

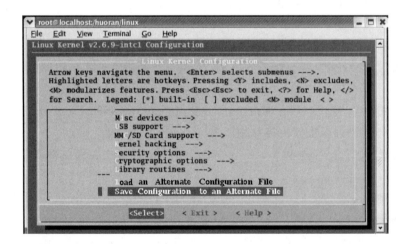

图 5-36

配置生效后的结果会保存在/pxa270_linux/linux/include/linux 文件夹下的 autoconfig. h 文件中。

③ 输入以下命令,如图 5-37 所示:

④ make dep

④ 编译内核,输入以下命令,如图 5-38 所示:

⑤ make clean

⑥ make zImage

编译生成 Linux 的内核文件 zImage,保存在/pxa270_linux /linux/arch/arm/boot 下,如图 5-39 所示。

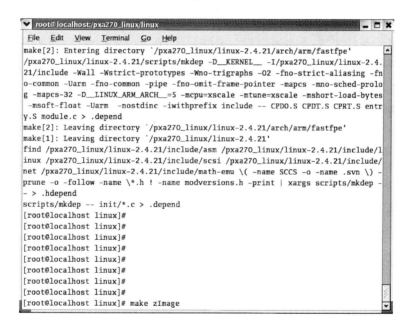

图 5-37

图 5-38

　　执行"make clean"命令后第一次使用"make zImage"命令，会占用相当长的时间。宿主机会根据 autoconfig. h 文件对系统进行编译。首先使用交叉编译器（arm-linux-gcc）把各个文件夹下用过的". c"文件编译为二进制的目标文件，再用链接器（arm-linux-ld）把这些目标文件连接到一起，最后压缩，就得到了内核的镜像文件 zImage。这个文件是可以下载并烧写到 PXA270-EP 目标板上运行的内核。

　　⑤ 编译模块，输入以下命令：

　　⑦ make modules

图 5-39

编译模块驱动程序，凡是在 menuconfig 配置中被选为<M>的都会在这条命令运行时被编译。

至此内核已经编译完成，下面可以把生成的 zImage 文件复制到/tftpboot 目录中，为此后的烧写实验做准备，输入以下命令：

⑧ cd arch/arm/boot

⑨ cp zImage /tftpboot/ – f

⑥ make menuconfig 选项的说明。

在 Linux 中，工程化的编程都会使用"make menuconfig"，它是一个比较成熟的裁减界面。不同工程之间的 menuconfig 会有差别，但大体相同。下面对主要的部分加以说明。

- Code maturity level options：作用域是整个编译配置空间，如果在此选中相应的级别，不符合此条件的选项就不会在后面出现，这个选项是代码的成熟程度的选择，若用户需要一个非常成熟稳定的系统，则有些新功能就不能使用，一个包含新功能的系统可能存在相应的风险，用户可以根据自己的需求进行选择。

- Loadable module support：内核对内核模块的支持选项，包括是否支持和支持的一些配置等，选择此项会使内核文件变大。

- System Type：选择对系统的支持选项，如 ARM 内核、配置平台等，本实验提供的内核是为 S3C2410 准备的，使用不同的处理器系统或是不同的内核时此处的选项可能不同。

- General Setup：内核本身的一些属性的配置，包括压缩方式、网络支持等。

- Parallel port support：选择内核对并口的支持情况，在选中对并口支持后会出现新的选项来配置支持不同类型、不同模式的并口。

- Memory Technology Devices（MTD）：对 MTD 设备的支持选项，这个选项对嵌入式系统比较重要，内核对各种 Flash 的支持都在这里配置，包括种类、分区等。

- Plug and Play configuration：对即插即用的支持选项，在嵌入式系统中极少使用。

- Block devices：对块设备的支持选项，即对各种磁盘系统的支持。
- Multi-device support：对多设备的支持选项，主要是对 RAID 和 LVM 的支持，在嵌入式系统中极少使用。
- Networking support：对网络设备的支持选项，也是常用的选项，对网卡的支持通常在这里选择，如系统配置不同的网卡时需要在这里选中不同的选项。
- ATA/IDE/MFM/RLL support：对 IDE 口的支持选项，此处选择支持不同的 IDE 设备，包括 CDROM，HardDisk，TAP 等。
- SCSI support：对 SCSI 设备的支持选项，比较少使用。
- I2O device support：对智能 I/O 结构的支持选项，比较少使用。
- ISDN support：对 ISDN 的支持选项。
- Input device support：对输入设备的支持选项，通常当需要支持 USAB 的 HID 设备时选中。
- Character devices：对字符型设备的支持选项，在嵌入式系统中经常使用，嵌入式系统中大量的设备都属于字符型设备。
- Multimedia devices：对多媒体设备的支持选项。
- File systems：对不同文件系统的支持选项，在这里选择需要支持的文件系统。
- Sound：对声音设备的支持选项。
- USB support：对各种 USB 设备的支持选项。
- Bluetooth support：对蓝牙设备的支持选项。
- Kernel hacking：内核排除程序故障时使用的一些选项，用于报告各种信息。
- Load and Alternate Configuration File：加载不同的配置文件。
- Save Configration to an Alternate File：保存配置文件。

实验注意事项：内核的配置选项有很多，目标板提供的内核文件已经做好了相应的配置，如果想深入了解内核，还需要掌握很多相关的知识。

实验总结：本实验编译了 Linux 内核，Linux 内核是相当复杂的，若实验者有兴趣，可以有选择性地阅读本教材中提供的 Linux 源码。

实验 10　制作 Linux 文件系统

实验目的：了解制作嵌入式 Linux 系统中文件系统的过程。

实验内容：介绍嵌入式 Linux 系统中文件系统的概念和作用，动手制作一个文件系统的映像文件。

实验设备：

① 一台 PXA270-EP 嵌入式实验箱。

② 一台安装 RedHat 9.0 且配置好 ARM Linux 开发环境的宿主 PC。

预备知识：了解标准 Linux 操作系统的文件系统的组成。

实验原理及说明：

文件系统是 Linux 系统必备的一个部分，主要用于存储一些系统文件和应用文件，经常使用的 PC 上的文件系统包括很多功能，但是体积比较大，通常有几百兆之多，在嵌入式系统中要使用这样的文件系统是不可能的。因此,嵌入式系统中的文件系统是一个简化版,包括必要的几个目录和文件,完成需要的功能即可。下面对文件系统中包含的内容和文件进行简要的说明。

文件系统要求建立的目录有/bin,/sbin,/etc,/boot,/dev,/lib,/mnt,/proc,/usr。

- /bin 目录包含常用的用户命令,如 sh 等。
- /sbin 目录包含所有的系统命令,如 reboot 等。
- /etc 目录下是系统配置文件。
- /boot 目录下是内核映像。
- /dev 目录包含系统所有的特殊设备文件。
- /lib 目录包含系统所有的库文件。
- /mnt 目录只用于挂接,可以是空目录。
- /proc 目录是/proc 文件系统的主目录,包含了系统的启动信息。
- /usr 目录包含用户选取的命令。

上述目录应该包含适当的文件和子目录。

目录/bin 需包含 date,sh,login,mount,umount,cp,ls,ftp,ping,这些命令文件的主要作用如下。

- date:查取系统时间值。
- sh:bash 的符号链接。
- login:登录进程启动后,若有用户输入,此程序提供 password 提示符。
- mount:挂接根文件系统时使用的命令,有些 Linux 开发商将此文件安排在目录/sbin 下。
- umount:卸载文件系统时使用的命令。
- cp:文件复制命令。
- ls:列出目录下的文件时需使用的命令。
- ftp:根据文件传输协议实现的命令,可以用于 FTP 的登录。
- ping:基本的网络测试命令,运行在网络层。

目录/sbin 需包含 mingetty,reboot,halt,sulogin,update,init,fsck,telinit,mkfs,这些命令文件的主要作用如下。

- reboot:系统重新启动的命令。
- halt:系统关机命令,与 reboot 共享运行的脚本。
- init:最早运行的进程,从 Start_kernel()函数中启动,此命令可以实现 Linux 运行级别的切换。

目录/etc 需包含 hostname,bashrc,fstab,group,inittab,nsswitch,pam. d,passwd,pwdb. conf, rc. d,securetty,shadow,shells,lilo. conf,这些配置文件的主要作用如下。

- hostname:用于保存 Linux 系统的主机名。
- fstab:用于保存文件系统列表。
- group:用于保存 Linux 系统的用户组。
- inittab:用于决定运行级别的脚本。
- passwd:保存所有用户的加密信息。
- shadow:密码屏蔽文件。

- shells：包含支持的所有 Shell 版本。

目录/dev 需包含 console,hda1,hda2,hda3,kmem,mem,null,tty1,ttyS0,这些特殊设备文件的作用如下。

- console：表示控制台设备。
- hda1：表示第一个 IDE 盘的第 1 个分区。
- hda2：表示第一个 IDE 盘的第 2 个分区。
- hda3：表示第一个 IDE 盘的第 3 个分区。
- kmem：描述内核内存的使用信息。
- mem：描述内存的使用信息。
- null：表示 Linux 系统中的空设备,可用于删除文件。
- tty1：第 1 个虚拟字符终端。
- ttyS0：第 1 个串行口终端。

目录/lib 需包含 libc.so.6,ld-linux.so.2,libcom_err.so.2,libcrypt.so.2,libpam.so.0,libpam_misc.so.2,libuuid.so.2,libnss_files.so.2,libtermcap.so.2,security,这些库文件的作用如下。

- libc.so.6：Linux 系统中所有命令的基本库文件。
- ld-linux.so.2：基本库文件 libc.so.6 的装载程序库。
- libcom_err.so.2：对应命令出错处理的程序库。
- libcrypt.so.2：对应加密处理的程序库。
- libpam.so.0：对应可拆卸身份验证模块的程序库。
- libpam_misc.so.2：对应可拆卸身份验证模块解密用的程序库。
- libuuid.so.2：对应身份识别信息的程序库。
- libnss_files.so.2：对应名字服务切换的程序库。
- libtermcap.so.2：用于描述终端和脚本的程序库。
- security：用于提供保证安全性所需的配置,与 libpam.so.0 配合使用。

目录/mnt 和目录/proc 可以为空。

实验步骤：

① 目标板在/pxa270_linux/fs/rootfs270 目录下有文件系统的原文件,可以查看目录中的内容。在宿主 PC 端,打开一个终端窗口,点击红帽图标→System Tools→Terminal,启动终端窗口,输入以下 2 条命令查看该文件中的内容,如图 5-40 所示：

① cd /pxa270_linux/fs/rootfs270/

② ls   /＊可以查看目录中的内容＊/

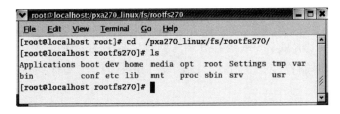

图 5-40

由图 5-40 可见,该文件就是 Linux 的文件系统,与目标板启动后的文件系统完全一样。

该文件中除了包含前面介绍过的必备目录外,还包含一些为本目标板设计的目录。

② 制作 JFFS2 根文件系统的映像。JFFS2 是一种可读/写的文件系统,制作它的工具叫作 mkfs.jffs2,可以用下面的命令生成一个 JFFS2 的文件系统。在同一个终端窗口中,输入以下 2 条命令,如图 5-41 所示:

① cd /pxa270_linux/fs

② ./mkfs.jffs2 - r rootfs270 - o xscale_fs.jffs2 - e 0x40000 - p = 0x01000000

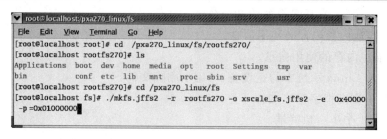

图 5-41

这样,就会在 fs 目录下生成一个名为 xscale_fs.jffs2 的文件系统,将该文件复制到 /tftpboot 目录下,为后面的烧写实验做准备,如图 5-42 所示。

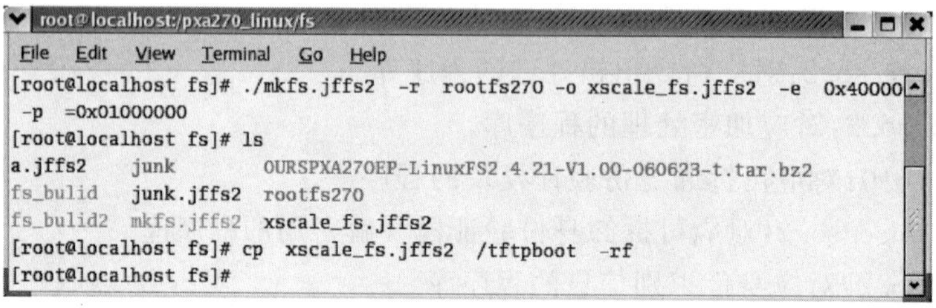

图 5-42

实验注意事项:在定制文件系统时,建议暂时先不要从零开始建立,实验者应在已有的文件系统的基础上添加所需要的文件,但是对于添加的文件大小是有要求的,实验者可以添加一个相对较小(如几十千字节)的文件到已有的文件系统中。

实验总结:通过本实验的操作,实验者可以了解制作 Linux 文件系统的全过程,在能完全理解文件系统中每一个文件的作用后,实验者就可以对该文件系统进行适当的删减,删去一些不需要的文件,再添加一些需要的容量更大的文件进去。

实验 11 烧写 ARM Linux 各部分到目标板

实验目的:学习将 ARM Linux 各部分烧写到目标板上的方法。

实验内容:将前面制作出来的 Boot Loader、Linux 内核、文件系统等部分烧写到目标板上。

预备知识:熟悉 Linux 各组成部分的作用,熟悉 Linux 系统基本操作。

实验设备:

① 一台 PXA270-EP 嵌入式实验箱。

② 一台安装 RedHat 9.0 且配置好 ARM Linux 开发环境的宿主 PC。

实验步骤：

① 硬件连接。

首先关掉 PXA270-EP 目标板电源，再连接宿主 PC 和 PXA270-EP 目标板，本实验要通过 JTAG 烧写 blob。特别注意：在插拔 JTAG 下载线时，PXA270-EP 目标板要处于断电状态。

用 JTAG-XScale 分别连接并口线和 JTAG 下载线，将它们分别插到宿主 PC 的 LPT1 口和 PXA270-EP 目标板 CPU 的 JTAG 插槽（在音频接口的左侧）中，如图 5-43 所示。

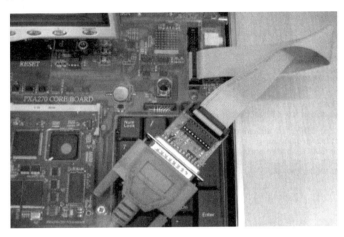

图 5-43

② 确认宿主 PC 的 TFTP 服务、Windows 超级终端设置及 IP 地址都已正常配置，若没有配置成功，参照实验 4、实验 5、实验 6 的操作过程重新配置。装有 Linux 的宿主机的 IP 地址在本实验中一定要配置为 192.168.0.100，使用以下配置命令：

`ifconfig eth0 192.168.0.100 up`

建议简单测试一下 TFTP 服务器是否可用，如在宿主机上执行：

`cp /pxa270_linux/IMAGE/zImage /tftpboot/`　　　/* 也可以使用/tftpboot 目录中已有的文件 */

`tftp 192.168.0.100`

`tftp>get zImage`

若出现信息"Received 608724 bytes in 0.6 seconds"，则表示 TFTP 服务器配置成功；若出现信息"Timed out"，则表示未成功。

③ 烧写 blob，在硬件的连接都已经准确无误后，给 PXA270-EP 目标板通电。

在宿主 PC 端，打开一个终端窗口，点击红帽图标→System Tools→Terminal，启动终端窗口，进入 pxa270_linux 目录的工具部分，使用 Jflashmm 工具下载 blob，输入以下 2 条命令：

① `cd /pxa270_linux/tools`

② `./Jflashmm-linux PXA270 blob p`

这个命令是把 blob 文件烧写到 PXA270.dat 文件指定的 CPU 所使用的 Flash 中。同时要求 blob，PXA270.dat 与 Jflashmm-linux 应用程序在一个文件夹中，PXA270.dat 文件不可以加后缀。

烧写成功后,Jflashmm 会自动校验烧写结果。如果只做校验,比较目标板中的程序与现有程序是否一致,可以使用以下命令:

`./Jflashmm-linux PXA270 blob v`

烧写或校验的结果会在程序结束时打印出来,如图 5-44 所示。

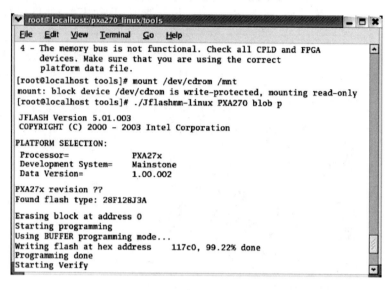

图 5-44

④ 烧写成功后,将接下来要下载并烧写的内核、文件系统都复制到/tftpboot 目录中,分别是 zImage、xscale_fs.jffs2、junk.jffs2 这 3 个文件。实验者可以将前面实验中生成的这几个文件复制到/tftpboot 目录中,但为了保证本实验的正确进行,建议使用提供给实验者的原文件,输入以下 6 条命令进行复制:

① `ifconfig eth0 192.168.0.100 up`

② `cd /pxa270_linux/IMAGE`

③ `cp zImage /tftpboot - rf`

④ `cp xscale_fs.jffs2 /tftpboot - rf`

⑤ `cd /pxa270_linux/fs`

⑥ `cp junk.jffs2 /tftpboot - rf`

⑤ 进入 Windows 超级终端模式下,按 Reset 键重新启动目标板,并观察是否有信息从串口打印出来。正常情况下,可以看到 blob 的启动信息,此时立刻按空格键,会进入 blob 命令行模式。使用 tftp 与 fwrite 命令,可以将宿主 PC 的/tftpboot 目录中的内核与文件系统下载并烧写到 PXA270-EP 目标板上。

⑥ 下载 Linux 内核文件 zImage,烧写到目标板。

在第⑤步操作过程中,已经进入 blob 命令行模式,输入以下命令下载内核镜像文件到目标板:

`blob> tftp zImage --kernel`

下载后,zImage 文件会被保存在目标板的内存中,起始地址为 0xa0008000,输入以下命令将该内核烧写到 Flash:

`blob> fwrite 0xa0008000 0x00040000 0x00200000`   /ᵃ 如图 5-45 所示 ᵃ/

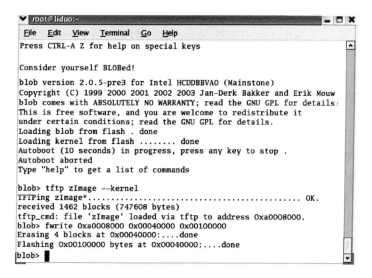

图 5-45

其中 fwrite 是 blob 中烧写 Flash 的专用工具，上述命令中，它把内存中以 0xa0008000 开始的、长度为 0x00200000(2 MB)的内容烧写到 Flash 地址为 0x00040000 的地方。

在硬件系统允许的范围内，fwrite 命令可以把内存中的任意内容烧写到 Flash 的任意地址。本实验中烧写到 0x00040000 是因为 blob 与 Linux 内核中指定了这个地址存放 Linux 内核文件。在 blob 启动时，会自动到这个地址寻找 Linux 内核文件，并且装载它。如果不进入 blob 命令模式，就会直接启动内核。

⑦ 下载文件系统文件，烧写到目标板。

下列步骤与下载烧写内核文件基本一样，输入以下 4 条命令完成下载并烧写文件系统的操作：

① blob> tftp xscale_fs.jffs2　　　　　　　　　　　　/ * 如图 5-46 所示 * /

② blob> fwrite 0xa1000000 0x00240000 0x01000000

③ blob> tftp junk.jffs2

④ blob> fwrite 0xa1000000 0x01240000 0x0dc0000

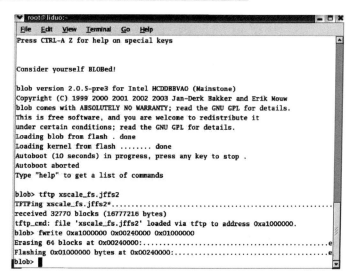

图 5-46

由于文件系统比较大,因此烧写时间可能会比较长。

上述命令中,xscale_fs.jffs2 是 JFFS2 的文件系统镜像文件,上述操作使用 tftp 命令把它下载到目标板内存的 0xa1000000 位置,再用 fwrite 烧入 Flash 的 0x00240000 地址;junk.jffs2 是 JFFS2 的文件系统镜像文件,上述操作使用 tftp 命令把它下载到目标板内存的 0xa1000000 位置,再用 fwrite 烧入 Flash 的 0x01240000 地址。

上述过程都操作成功后,按 Reset 键重新启动 PXA270-EP 目标板,此时将进入 Linux 系统中。

实验注意事项:

① 不要热拔插 JTAG 接口,务必在 PXA270-EP 目标板断电状态下拔插 JTAG。

② 在下载烧写文件前,必须先把这些将要烧写的文件复制到宿主 PC 的/tftpboot 目录下。

③ 务必重新将宿主 PC 的 IP 地址设置为 192.168.0.100。

④ 文件系统的烧写时间会较长。

实验总结:本实验进行了 Linux 各个部分的烧写,组成了一个可以使用的完整的系统,后面的实验都是基于这个系统进行的,烧写操作是嵌入式系统开发的基本环节,一定要熟练掌握。

实验 12　简单设备驱动程序

实验目的:实践一个简单的字符设备驱动程序,学习 Linux 驱动程序构架,学习在应用程序中调用驱动。

实验内容:编写简单的字符设备驱动程序,编写相应的应用程序。

预备知识:熟悉 Linux 各组成部分的作用,熟悉 Linux 系统的基本操作,熟练掌握 C 语言的运用。

实验设备:

① 一台 PXA270-EP 嵌入式实验箱。

② 一台安装 RedHat 9.0 且配置好 ARM Linux 开发环境的宿主 PC。

实验步骤:

一个简单的字符设备驱动程序在真正的操作系统中是没有实际作用的,但是利用它可以轻松地掌握嵌入式驱动的编写过程。

① 硬件连接:按照实验 1 的步骤,连接宿主 PC 和一台 PXA270-EP 目标板。

② 编写并编译驱动程序。在宿主 PC 端需编辑 3 个文件:驱动程序、编译驱动程序时使用的 Makefile、测试程序。

在宿主 PC 端,打开一个终端窗口,点击红帽图标→System Tools→Terminal,启动终端窗口,输入以下 5 条命令:

① `cp /pxa270_linux/Supply/Hello /home -arf`　　　　　/*复制文件*/

② `cd /home/Hello`

③ `vi pxa270_hello_drv.c`　　　　　/*输入驱动程序清单 5.2*/

④ `vi Makefile`　　　　　/*按照程序清单 5.3 补充 Makefile*/

⑤ `make modules`　　　　　/*编译驱动程序*/

特别提示:在命令④执行结束后,需要对驱动程序进行编译,对驱动程序的编译和普通的应用程序有所区别。首先确定交叉编译器的路径,本系统应在/usr/locate/arm-linux 下,然后确认 Linux 内核源代码的存放位置,本系统应在/pxa270_linux/linux/,这是因为编译驱动程序需要 Linux 内核头文件。除此之外,Makefile 源文件中指出了一些在编译驱动程序过程中要用到的文件的路径及参数。

如果文件输入没有错误,应正确地完成编译,如果出现错误请检查输入是否有误。正确编译后,在后续操作中会将编译好的 pxa270_hello_drv.o 目标文件插入内核中。

③ 编写并编译测试程序。正确编写并编译驱动程序后,需要对驱动程序进行测试,这个测试程序是运行在应用层的用户程序。测试程序可以用来验证用户自己的驱动是否可以完成预计的工作。编写好的测试程序也可以交给其他软件开发人员,作为对此设备使用方法的参考,因此编写相应的测试程序也是非常重要的。

由于编写的驱动程序非常简单,没有对应硬件设备,因此测试程序也非常简单,只要测试驱动程序暴露的接口即可。在同一个终端窗口中,输入以下 2 条命令:

① vi simple_test_driver.c　　　　　　　　　　 /＊输入程序清单 5.4 ＊/
② arm-linux-gcc -o test simple_test_driver.c　　 /＊编译测试程序＊/

④ 在 PXA270-EP 目标板运行测试程序,在超级终端窗口,进入 PXA270-EP 目标板的界面后,输入以下 8 条命令:

① root　　　　　　　　　　　　 /＊以 root 身份登录 PXA270-EP 目标板＊/
② mount -o soft, timeo = 100, rsize = 1024 192.168.0.100: / /mnt
　　　　 /＊将宿主 PC 的根目录挂载到 PXA270-EP 目标板的/mnt 目录下＊/
③ cd /mnt/home/Hello
④ insmod pxa270_hello_drv.o　 /＊加载驱动程序,如图 5-47 所示＊/
⑤ ./test　　　　　　　　　　 /＊运行测试程序的目标程序＊/
⑥ lsmod　　　　　　　　　　 /＊查看系统已经加载好的驱动程序,如图 5-47 所示＊/
⑦ rmmod pxa270_hello_drv.o　 /＊卸载驱动程序,如图 5-47 所示＊/
⑧ lsmod　　　　　　　　　　 /＊再次查看系统中加载的驱动程序,如图 5-47 所示＊/

图 5-47

通过上面的操作，实验者可以正确地编写、编译、插入、查看、删除模块，这些基本操作是 Linux 驱动程序开发的重要部分，要熟练地应用。

实验注意事项：本实验为第一个有关驱动程序编写的实验，在实验过程中，实验者可能会遇到一些问题，如对 Makefile 文件的编写，因此，实验者应按照本实验指导书的操作步骤进行实验。

实验总结：本实验编写的测试程序能够正常地对驱动程序进行操作，表示驱动程序功能正常，当然，真正的驱动程序会对应特定的硬件，测试程序就相应地复杂得多，在以后的实验中，将编写真正对应实际硬件的驱动程序。

实验参考程序：

程序清单 5.2（pxa270_hello_drv.c 输入驱动程序）

****

```
/* This file for explain how to use a simple driver */
#include <linux/config.h>   //Linux 内核编译时的配置文件,文件里面指向另一个
                               由 make menuconfig 自动生成的文件 autoconf.h
#include <linux/kernel.h>
#include <linux/sched.h>
#include <linux/timer.h>    //系统定时器使用的头文件
#include <linux/init.h>
#include <linux/module.h>   //模块驱动程序的头文件
#include <asm/hardware.h>   //访问系统硬件用的头文件
// HELLO DEVICE MAJOR
#define SIMPLE_HELLO_MAJOR 96
#define HELLO_DEBUG
#define VERSION          "PXA2700EP-hello-V1.00-060530"
void showversion(void)
{
        printk(" ***************************************** \n");
        printk("\t%s \t\n", VERSION);
        printk(" ***************************************** \n\n");
}
// ------------------------- READ -------------------------
ssize_t SIMPLE_HELLO_read (struct file * file,char * buf, size_t count, loff_t
                    * f_ops)
{
    #ifdef HELLO_DEBUG
        printk ("SIMPLE_HELLO_read [ --kernel-- ]\n");
    #endif
    return count;
}                         // SIMPLE_HELLO 设备对应的读操作函数
// ----------------------- WRITE -------------------------
```

```
ssize_t SIMPLE_HELLO_write (struct file * file, const char * buf, size_t count,
                              loff_t * f_ops)
{
    # ifdef HELLO_DEBUG
        printk ("SIMPLE_HELLO_write [ -- kernel -- ]\n");
    # endif
    return count;
}                             // SIMPLE_HELLO 设备对应的写操作函数
// ---------------------- IOCTL -------------------------
ssize_t SIMPLE_HELLO_ioctl (struct inode * inode, struct file * file, unsigned
                              int cmd, long data)
{
    # ifdef HELLO_DEBUG
        printk ("SIMPLE_HELLO_ioctl [ -- kernel -- ]\n");
    # endif
    return 0;
}                             // SIMPLE_HELLO 设备对应的 ioctl 函数
// ------------------------ OPEN -------------------------
ssize_t SIMPLE_HELLO_open (struct inode * inode, struct file * file)
{
    # ifdef HELLO_DEBUG
        printk ("SIMPLE_HELLO_open [ -- kernel -- ]\n");
    # endif
    MOD_INC_USE_COUNT;
    return 0;
}                             // SIMPLE_HELLO 设备对应的打开函数
// -------------------- RELEASE/CLOSE -------------------
ssize_t SIMPLE_HELLO_release(struct inode * inode, struct file * file)
    {
        # ifdef HELLO_DEBUG
            printk ("SIMPLE_HELLO_release [ -- kernel -- ]\n");
        # endif
        MOD_DEC_USE_COUNT;
        return 0;
    }                         // SIMPLE_HELLO 设备对应的关闭函数
// ----------------------------------------------------------
struct file_operations HELLO_ctl_ops = {
    open:       SIMPLE_HELLO_open,
    read:       SIMPLE_HELLO_read,
    write:      SIMPLE_HELLO_write,
```

```
    ioctl:        SIMPLE_HELLO_ioctl,
    release:      SIMPLE_HELLO_release,
  };                    // SIMPLE_HELLO 设备向系统注册用的 OPS 结构,里面是对应的操作
// ---------------------- INIT ----------------        //驱动程序初始化
  static int __init HW_HELLO_CTL_init(void)
  {
      int ret = - ENODEV;
      ret = devfs_register_chrdev(SIMPLE_HELLO_MAJOR,"hello_ctl", &HELLO_ctl_
                                ops);
      showversion();
      if( ret < 0 )
      {
          printk ("pxa270 init_module failed with %d\n [ --kernel-- ]", ret);
          return ret;
      }
      else
      {
          printk(" pxa270 hello_driver register success!!! [ --kernel-- ]\n");
      }
      return ret;
  }
  //下面是系统初始化函数,负责完成主要的初始化任务
  static int __init pxa270_HELLO_CTL_init(void)            //模块的初始化函数
  {
      int   ret = - ENODEV;
      # ifdef HELLO_DEBUG
          printk ("pxa270_HELLO_CTL_init [ --kernel-- ]\n");
      # endif
      ret = HW_HELLO_CTL_init();
      if (ret)
          return ret;
      return 0;
  }
  static void __exit cleanup_HELLO_ctl(void)              //模块的卸载函数
  {
      # ifdef HELLO_DEBUG
          printk ("cleanup_HELLO_ctl [ --kernel-- ]\n");
      # endif
          devfs_unregister_chrdev (SIMPLE_HELLO_MAJOR, "hello_ctl" );
  }
```

```
MODULE_DESCRIPTION("simple hello driver module");
MODULE_LICENSE("GPL");
module_init(pxa270_HELLO_CTL_init);
module_exit(cleanup_HELLO_ctl);
```

* *

程序清单 5.3(Makefile 程序)

* *

```
#TOPDIR := $(shell  cd  .. ;  pwd)
TOPDIR := .
KERNELDIR = /pxa270_linux/linux
    INCLUDEDIR = $(KERNELDIR)/include
    CROSS_COMPILE = arm-linux-

    AS = $(CROSS_COMPILE)as
    LD = $(CROSS_COMPILE)ld
    CC = $(CROSS_COMPILE)gcc
    CPP = $(CC)   -E
    AR = $(CROSS_COMPILE)ar
    NM = $(CROSS_COMPILE)nm
    STRIP = $(CROSS_COMPILE)strip
    OBJCOPY = $(CROSS_COMPILE)objcopy
    OBJDUMP = $(CROSS_COMPILE)objdump
    CFLAGS += -I..
    CFLAGS += -Wall-O  -D__KERNEL__  -DMODULE  -I$(INCLUDEDIR)
TARGET = pxa270_hello_drv.o
    modules: $(TARGET)
    all: $(TARGET)
pxa270_hello_drv.o:pxa270_hello_drv.c
        $(CC) -c  $(CFLAGS) $^  -o $@
clean:
    rm -f  *.o *~ core  .depend
```

* *

程序清单 5.4(测试程序)

* *

```
#include <stdio.h>
#include <string.h>
#include <stdlib.h>
#include <fcntl.h>        // open() close()
```

```
# include <unistd.h>        // read() write()
# define DEVICE_NAME "/dev/hello_ctl"


// ------------------------- main -------------------------
int main(void)
{
    int fd;
    int ret;
    char * i;
    printf("\nstart hello_driver test\n\n");
    fd = open(DEVICE_NAME, O_RDWR);
    printf("fd = % d\n",fd);
    if (fd == - 1)
    {
        printf("open device % s error\n",DEVICE_NAME);
    }
    else
    {
        read(fd,NULL,0);
        write(fd,NULL,0);
        ioctl(fd);
        // close
        ret = close(fd);
        printf ("ret = % d\n",ret);
        printf ("close hello_driver test\n");
    }
    return 0;
}                       // end main
```

****

实验 13 CPU GPIO 驱动程序设计

实验目的:编写针对实际硬件的驱动程序,进一步了解驱动构架。

实验内容:编写 PXA270 GPIO 驱动程序和应用程序,在 Linux 系统中插入并调用自己的驱动程序;实现用 CPU GPIO 控制外部 LED,利用 PXA270 核心板上的 LED 进行验证。

预备知识:熟悉 Linux 各部分的作用,熟悉 Linux 系统基本操作,熟练掌握 C 语言运用,熟悉 Linux 基本驱动编写的步骤及方法。

实验设备:

① 一台 PXA270-EP 嵌入式实验箱。

② 一台安装 RedHat 9.0 且配置好 ARM Linux 开发环境的宿主 PC。

实验原理及说明：

本实验的硬件原理如图 5-48 所示。凡是操作系统控制的外部设备，即使是最简单的硬件电路，也需要驱动。本实验涉及的外部硬件只有电阻和蓝色发光二极管。实验者使用自己编写的驱动程序与应用程序控制 GPIO96 的电平，通过 LED 的亮灭来判断 CPU 是否做出了正确的响应。

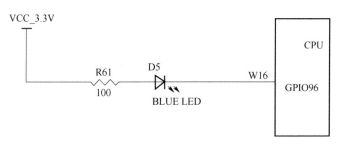

图 5-48

相关的 CPU 寄存器有 GPDR，GPSR，GPCR，GPLR，GAFR，这部分的细节最好参考 CPU 的开发者手册。

实验步骤：

① 硬件连接：按照实验 1 的步骤，连接宿主 PC 和一台 PXA270-EP 目标板。

② 编写并编译驱动程序。在宿主 PC 端需编辑 3 个文件：驱动程序、编译驱动程序时使用的 Makefile、测试程序。在宿主 PC 端，打开一个终端窗口，点击红帽图标→System Tools→Terminal，启动终端窗口，输入以下 5 条命令：

① cp /pxa270_linux/Supply/GPIO /home -arf　　/＊复制 GPIO 文件夹到 home 目录下＊/
② cd /home/GPIO　　　　　　　　　　　　　　　/＊进入 home 下 GPIO 目录＊/
③ vi pxa270_gpio_led_drv.c　　　/＊输入驱动程序清单 5.5，并将其补充完整＊/
④ vi Makefile　　　　　　　　　/＊输入 Makefile 程序，见以下特别提示＊/
⑤ make modules　　　　　　　　　/＊编译驱动程序＊/

特别提示：本实验命令④输入编译驱动时使用的 Makefile 文件时，可以继续使用实验 12 的 Makefile 文件，但是必须进行如下修改（加粗部分）：

TARGET ＝ pxa270_gpio_led_drv.o
　　modules：＄(TARGET)
　　all：＄(TARGET)
　　pxa270_gpio_led_drv.o：pxa270_gpio_led_drv.c
＄(CC)-c　＄(CFLAGS) ＄^　-o ＄@

③ 编写并编译测试程序，在虚拟机的终端窗口中，输入以下 2 条命令：

① vi simple_test_driver.c　　　　/＊将该程序按照程序清单 5.6 补充完整 ＊/
② arm-linux-gcc -o test simple_test_driver.c　　　　/＊编译测试程序＊/

④ 运行测试程序，在超级终端窗口，输入以下 5 条命令：

① root　　　　　　　　　　　　/＊以 root 身份登录 PXA270-EP 目标板＊/
② mount -o soft, timeo ＝ 100, rsize ＝ 1024 192.168.0.100:/ /mnt
　　　　/＊将宿主 PC 的根目录挂载到 PXA270-EP 目标板的/mnt 目录下＊/

③ cd /mnt/home/GPIO

④ insmod pxa270_gpio_led_drv.o /＊加载驱动程序,如图 5-49 所示＊/

⑤ ./test   /＊运行测试程序的目标程序,如图 5-49 所示＊/

正常运行测试程序后,将看到目标板的核心板上的 LED 闪烁,这说明编写的驱动和应用程序是正确的,按"Ctrl＋C"可退出测试程序。

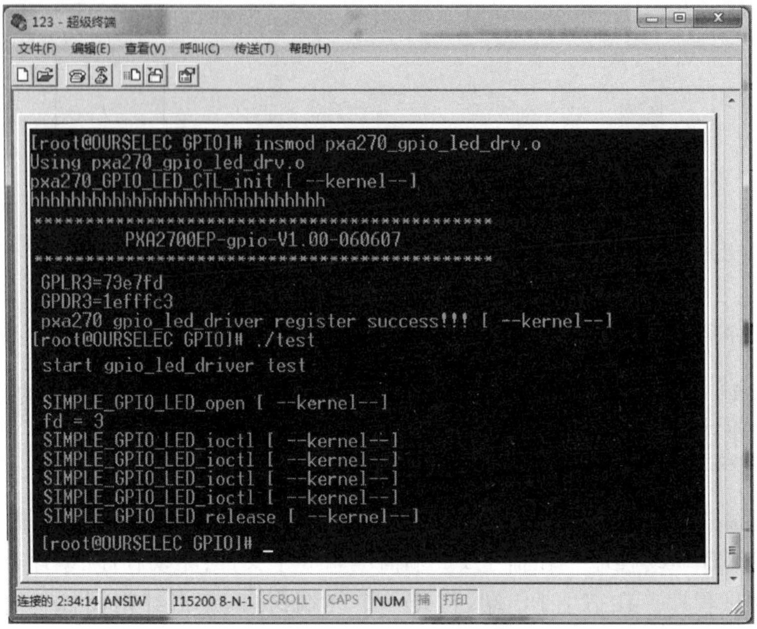

图 5-49

实验注意事项:本实验是通过操作 CPU 的 GPIO 端口来控制 LED 的亮灭,若实验者对 GPIO 端口还比较陌生,可以阅读 GPIO 端口的相关介绍,了解如何操作和控制这些端口以达到实验目的。

实验作业:在本实验的基础上,要求实验者再设计编写一个程序,使得目标板的核心板上的 LED 闪烁产生亮 7 秒,灭 2 秒的效果。

实验参考程序:

程序清单 5.5(pxa270_gpio_led_drv.c 驱动程序)

＊＊

```
#include <linux/config.h>
#include <linux/kernel.h>
#include <linux/sched.h>
#include <linux/timer.h>
#include <linux/init.h>
#include <linux/module.h>
#include <asm/hardware.h>
// GPIO_LED DEVICE MAJOR
#define SIMPLE_GPIO_LED_MAJOR 97
#define GPIO_LED_DEBUG
```

```
// define LED
#define GPIO_LED (GPIO96)
//define LED STATUS
#define LED_ON 0
#define LED_OFF 1
// define cmd
#define ctl_GPIO_LED1   1
#define VERSION         "PXA2700EP-gpio-V1.00-060607"
void showversion(void)
{
        printk(" * * * * * * * * * * * * * * * * * * * * * * * * * * * * * * * \n");
        printk("\t % s \t\n", VERSION);
        printk(" * * * * * * * * * * * * * * * * * * * * * * * * * * * * * * \n\n");
}
// ------------------------- READ -------------------------
ssize_t SIMPLE_GPIO_LED_read (struct file * file,char * buf, size_t count,
                        loff_t * f_ops)
{
        #ifdef GPIO_LED_DEBUG
                printk ("SIMPLE_GPIO_LED_read [ --kernel-- ]\n");
        #endif
        return count;
}
// ------------------------- WRITE -------------------------
ssize_t SIMPLE_GPIO_LED_write (struct file * file,const char * buf, size_t count,
                        loff_t * f_ops)
{
    补充代码(1)
}
// ------------------------- IOCTL -------------------------
ssize_t SIMPLE_GPIO_LED_ioctl (struct inode * inode,struct file * file, unsigned
                        int cmd, long data)
{
        #ifdef GPIO_LED_DEBUG
            printk ("SIMPLE_GPIO_LED_ioctl [ --kernel-- ]\n");
        #endif
        switch (cmd)
        {
                case LED_ON : {GPCR3 | = 0x1;break;}
                case LED_OFF: {GPSR3 | = 0x1;break;}
```

```
                        default :
                            {printk ("lcd control : nocmd run [ -- kernel -- ]\n");
                            return ( - EINVAL);}
                    }
                return 0;
            }
// ------------------------ OPEN ------------------------
    ssize_t  SIMPLE_GPIO_LED_open (struct inode * inode, struct file * file)
    {
            补充代码(2)
    MOD_INC_USE_COUNT;
    return 0;
        }
// ------------------------ RELEASE/CLOSE ------------------------
    ssize_t SIMPLE_GPIO_LED_release (struct inode * inode, struct file * file)
    {
            #ifdef GPIO_LED_DEBUG
                    printk ("SIMPLE_GPIO_LED_release [ -- kernel -- ]\n");
            #endif
            MOD_DEC_USE_COUNT;
            return 0;
        }
// ------------------------------------------------------
    static struct file_operations GPIO_LED_ctl_ops =
    {
        补充代码(3)
    };
// ------------------------ INIT ------------------------
    static int __init HW_GPIO_LED_CTL_init(void)
    {
        int ret = - ENODEV;
        printk("hhhhhhhhhhhhhhhhhhhhhhhhhhhhhhhhh\n\n");
        showversion();
        // init GPIO
        GPDR3 |= 0x00000001;    // SET GPIO96 OUTPUT MODE
        GPSR3 |= 0x00000001;    // OFF THE LED
        #ifdef GPIO_LED_DEBUG
            printk (" GPLR3 = %x \n",GPLR3);
            printk (" GPDR3 = %x \n",GPDR3);
        #endif
```

```
        ret = devfs_register_chrdev(SIMPLE_GPIO_LED_MAJOR, "gpio_led_ctl", &GPIO_
                            LED_ctl_ops);
    if(ret < 0 )
    {     printk ("pxa270: init_module failed with %d\n [--kernel--]", ret);
        return ret;
      }
    else
    {     printk("pxa270 gpio_led_driver register success!!! [--kernel--]\n");
    }
    return ret;
}
static int __init pxa270_GPIO_LED_CTL_init(void)
{
    int  ret = -ENODEV;
    #ifdef GPIO_LED_DEBUG
        printk ("pxa270_GPIO_LED_CTL_init [ --kernel-- ]\n");
    #endif

    ret = HW_GPIO_LED_CTL_init();
    if (ret)
        return ret;
    return 0;
}
static void __exit cleanup_GPIO_LED_ctl(void)
{
    #ifdef GPIO_LED_DEBUG
        printk ("cleanup_GPIO_LED_ctl [ --kernel-- ]\n");
    #endif
    devfs_unregister_chrdev (SIMPLE_GPIO_LED_MAJOR, "gpio_led_ctl" );
}
MODULE_DESCRIPTION("simple gpio_led driver module");
MODULE_LICENSE("GPL");
module_init(pxa270_GPIO_LED_CTL_init);
module_exit(cleanup_GPIO_LED_ctl);
```

＊＊

程序清单 5.6（测试程序）

＊＊

```
    #include <stdio.h>
    #include <string.h>
```

```
# include <stdlib. h>
# include <fcntl. h>          // open() close()
# include <unistd. h>         // read() write()
# define DEVICE_NAME "/dev/gpio_led_ctl"
//define LED STATUS
# define LED_ON   0
# define LED_OFF 1
//-------------------------- main ----------------------------
int main(void)
{
    int fd;
    int ret;
    char * i;
    printf("\nstart gpio_led_driver test\n\n");
    fd = open(DEVICE_NAME, O_RDWR);
    printf("fd =  % d\n",fd);
    if (fd == - 1)
    {
        printf("open device % s error\n",DEVICE_NAME);
    }
    else
    {
        while(1)
        {       ioctl(fd,LED_OFF);
                sleep(1);                          //休眠 1 秒
                ioctl(fd,LED_ON);
                sleep(1);
        }
        ret = close(fd);                           // close
        printf ("ret = % d\n",ret);
        printf ("close gpio_led_driver test\n");
    }
    return 0;
}   // end main
```

* *

实验 14　中断实验

实验目的:学习 Linux 系统是如何处理中断的。

实验内容:编写获取和处理外中断的驱动程序。

预备知识:熟悉 Linux 各组成部分的作用,熟悉 Linux 系统基本操作,熟练掌握 C 语言运用,熟悉 Linux 基本驱动编写的步骤及方法。

实验设备:

① 一套 PXA270-EP 嵌入式实验箱。

② 安装 RedHat 9.0 且配置好 ARM Linux 开发环境的宿主 PC。

实验原理及说明:

1.中断概念

1)基本定义

计算机系统的"中断"是指 CPU 正在处理某件事情时,发生了异常事件(如定时器溢出等),产生一个中断请求信号,请求 CPU 迅速处理,CPU 暂时中断当前的工作,转去处理所发生的异常事件,处理结束后,再回到被中断的地方继续原来的工作,这样的过程称为中断,实现这种功能的部件称为中断系统,产生中断的部件或设备称为中断源。

一个计算机系统一般有多个中断源,当多个中断源同时向 CPU 请求中断时,就存在 CPU 优先响应哪一个中断源的问题。一般根据中断源所发生的事件的轻重缓急,规定中断源的优先级,CPU 优先响应优先级高的中断源的请求。

当 CPU 正在处理一个中断请求时,又发生了另外的中断请求,如果 CPU 能暂时中止对原中断的处理,转去处理优先级更高的中断请求,待处理完成后,再继续处理原来的中断事件,则这样的过程称为中断嵌套,这样的中断系统称为多级中断系统,而没有中断嵌套功能的系统称为单级中断系统。

2)中断向量

每个中断都可以用一个无符号整数来标识,称其为中断向量(Interrupt Vector)。所有的 ARM 系统都有一张中断向量表,如表 5-1 所示,当出现中断需要处理时,必须调用向量表,向量表一般要位于 0 地址处。

表 5-1

地址	异常
0x00000000	复位
0x00000004	未定义指令
0x00000008	软件中断
0x0000000C	预取指令中止
0x00000010	数据中止
0x00000014	保留
0x00000018	IRQ
0x0000001C	FIQ

- 复位:当处理器的复位电平有效时,产生复位异常,程序跳转到复位异常处理程序处执行。
- 未定义指令:当 ARM 处理器或协处理器遇到不能处理的指令时,产生未定义指令异常,采用这种机制,可以通过软件仿真扩展 ARM 或 Thumb 指令集。

- 软件中断:该异常由执行 SWI 指令产生,可用于用户模式下的程序调用特权操作指令,可使用该异常机制实现系统功能调用。

- 指令预取中止:若处理器预取指令的地址不存在,或该地址不允许当前指令访问,存储器会向处理器发出中止信号,但只有预取的指令被执行时,才会产生指令预取中止异常。

- 数据中止:若处理器数据访问指令的地址不存在,或该地址不允许当前指令访问,产生数据中止异常。

- IRQ(外部中断请求):当处理器的外部中断请求引脚有效且 CPSR 中的"1"位为 0 时,产生 IRQ 异常,系统的外设可通过该异常请求中断服务。

- FIQ(快速中断请求):当处理器的快速中断请求引脚有效且 CPSR 中的"F"位为 0 时,产生 FIQ 异常。

3) ARM 的中断过程

(1) 中断的进入

① 将下一条指令的地址存入相应的链接寄存器 LR,以便程序在处理异常结束后,返回时能从正确的位置重新开始执行。

② 将 CPSR 复制到相应的 SPSR 中。

③ 根据异常类型,强制设置 CPSR 的运行模式位。

④ 强制 PC 从相关的异常向量地址取出下一条指令执行,从而跳转到相应的异常处理程序,也可以设置中断禁止位来阻止其他无法处理的异常嵌套。

(2) 从中断返回

① 将链接寄存器 LR 的值减去相应的偏移量后送到 PC 中。

② 将 SPSR 复制到 CPSR 中。

③ 如果进入时设置了中断禁止位,则清除该标志。

(3) 标准中断过程

下面详细说明 IRQ 中断的过程。

① AIC 正确编程,AIC_SVR 写入正确的中断服务程序的入口地址,且中断使能。

② 地址 0x18(IRQ 的中断向量地址,参见表 5-1)的指令为 LDR PC,[PC,♯&F20],当 NIRQ 到来且 CPSR 的"1"位为 0 时,步骤如下。

(a) CPSR 被复制到 SPSR_irq,当前程序计数器 PC 的值被保存到 IRQ 链接寄存器(R14_irq),同时 PC(R15)自身也被赋予了新值 0x18。在接下来的时钟里(处理器向 0x1C 取指令),ARM 核使 R14_irq 减 4。

(b) ARM 内核进入 IRQ 模式。

(c) 当指令 LDR PC,[PC,♯&F20]得到执行后(ARM 为流水线结构,当前 PC 之前还有两条指令),PC 被赋予了 AIC_IVR 的内容。读取 AIC_IVR 具有以下作用:将当前中断设置为被挂起的最高优先级中断,前一个中断则设置为当前中断的优先级;将 NIRQ 的信号撤销(即使系统没有用到向量功能,也必须读 AIC_IVR,以便将 NIRQ 撤销);如果中断为边沿触发,则读取 AIC_IVR 会自动将中断清除;将当前中断的优先级推入堆栈;返回当前中断的 AIC_SVR 的值。

(d) 上述步骤将程序跳到了对应的中断服务程序,接下来保存链接寄存器 LR(R14_irq)和 SPSR(SPSR_irq)。如果需要在中断返回时,把 LR 的值直接赋给程序计数器,则 LR 要先减去 4 才能保存，否则在中断返回时，LR 要减去 4 之后才能复制给 PC。

（e）将 CPSR 的"1"位清零就可以使其他中断不被屏蔽，再施加的 NIRQ 可以被内核接受。只要发生的中断的优先级高于当前中断的优先级，嵌套中断就会发生。

（f）中断例程可以保存相应的寄存器以保护现场。如果此时有高优先级中断发生，则处理器将重复执行从步骤①开始的动作。如果中断是电平敏感的，则在中断结束前要清除中断源。

（g）在退出中断前要首先置 CPSR"1"位，以便屏蔽其他中断，保证多个中断有序地完成。

（h）在结束中断前还必须执行一次对 AIC_EOICR 的写操作，向 AIC 表明中断已经完成。存放于堆栈的前一个中断优先级将被弹出并作为当前中断优先级，如果此时系统又有一个挂起的中断，其优先级比刚才结束的中断的优先级低（或相等），但又高于从堆栈弹出来的中断的优先级，则将重新施加 NIRQ。但是，中断步骤不会立即开始，因为此时 CPSR 的"1"位是置位的。

（i）SPSR（SPSR_irq）被恢复。链接寄存器 LR 恢复到 PC，程序返回到中断发生之前的位置，SPSR 也恢复为 CPSR，中断屏蔽状态恢复为 SPSR 所指明的状态。

SPSR 的"1"位是很重要的，如果在 SPSR 恢复后为置位状态，则表明 ARM 核正要屏蔽中断，在执行屏蔽指令时被中断。因此，SPSR 恢复后，屏蔽指令得以完成，即"1"位被置位，因而 IRQ 被屏蔽。

从上述步骤可以看出 ARM 中断的通用过程。需要注意的是，在给相应 IRQ 引脚中断信号前，必须先打开该中断的使能寄存器并正确设置对应的屏蔽寄存器，否则将不会有任何反应。这两个寄存器都设置正确后，中断产生，CPU 保存当前程序运行环境，跳到中断入口，对于 ARM 芯片一般是 0x18 地址处。如果没有设置中断向量，即 0x18 处不是中断代码，程序就会飞掉，当然也可能正常运行，这种情况是程序恰好飞到正常代码处。设置中断向量一般用跳转语句，设置好中断向量后，将跳转到正式的中断处理过程，在此可以关闭所有中断，清中断，处理中断等，然后退出。某些处理器一定要清中断，否则下次再给中断信号时将没有反应。

2. PXA270 的中断系统

PXA270 的中断控制器包含两个层次的中断，它可以接收外部设备和 PXA270 处理器设备产生的中断，处理器设备是初级中断源，外部设备是次级中断源。

大量的次级中断源通常被映射为一个初级中断源，例如，DMA 控制器是中断控制器的一个初级中断源，它包含 32 个次级中断源。

每设置一个中断源就可以产生一个 IRQ 或 FIQ，决定产生一个 IRQ 或 FIQ 的设置被称为中断的级别。中断控制器可以通过编程来单独地屏蔽不同的中断源。如果一个中断被屏蔽，控制机将不产生中断。中断控制器的寄存器可以标志出所有产生的 IRQ 或 FIQ。

控制器为每一个初级中断源分配了唯一的优先级。当多个中断产生时，控制器通过优先级的数值来确定哪一个外围设备的中断优先级最高，软件可以通过读取控制器的寄存器，确定拥有最高优先级的设备的 ID。这些寄存器可以通过两种方式来访问，即作为协处理器寄存器或内存-地址 I/O 寄存器。协处理器寄存器模式比内存-地址 I/O 寄存器模式的访问延迟更少。

1）中断控制器单元的特征

• 外部设备的中断源可以被配置为 FIQ 或 IRQ。

• 每一个中断源可以被独立地使能。

- 优先级机制用来标志拥有最高优先级的中断。
- 通过协处理器模式访问。
- 为了后向兼容,通过内存-地址模式访问。

2) 信号描述

没有外部的 I/O 信号与中断控制器相连接。

3) 操作

中断挂起寄存器(ICPR)中,每一个设备都有对应的位(初级中断源),每一个被激发的中断都会把相应的位置位。中断控制 IRQ 挂起寄存器(ICIP)和中断控制 FIQ 挂起寄存器(ICFP)标志出被激发的、没有被屏蔽的产生 IRQ 和 FIQ 的中断源。中断由相应的中断源置位,在控制器中被屏蔽或取消屏蔽。可编程的中断控制屏蔽寄存器选择哪个中断被屏蔽,被屏蔽的中断源将不再向内核发出 IRQ 或 FIQ,并且只更新 ICPR。中断控制级别寄存器选择一个中断是 FIQ 还是 IRQ。

由于多个没有被屏蔽的中断会同时产生,处理器必须确定哪个中断具有最高的优先级,软件可以通过 ICIP 与 ICFP 或通过读中断控制最高优先级寄存器(ICHP)确定,ICHP 中包含被激发的、没有被屏蔽的中断中,拥有最高优先级的设备的 ID。

第二级中断体系是由中断源设备(产生第一级中断)包含的寄存器表现的。第二级中断的状态提供了关于中断的额外的信息,并且被用在中断服务程序内部。读过第一级中断寄存器后,软件通过读设备中的寄存器来确定产生中断的功能。总体来说,大量的第二级中断经过"或"的关系产生一个第一级中断,如图 5-50 所示。中断在设备内部被使能。

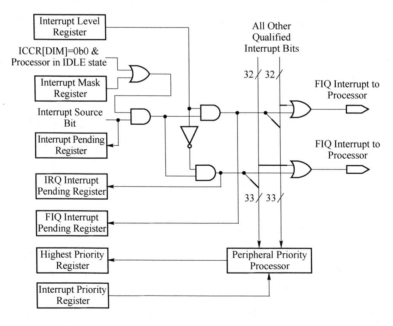

图 5-50

中断优先级寄存器(IPRs)为拥有不同优先级和不同设备 ID 的中断列出了一张图表,中断控制器利用其中设置的值来区分被激发的中断的次序,更新 ICHP 寄存器,进而使内核能从 ICHP 中读到产生 IRQ 和 FIQ 中断的设备的 ID。

4）寄存器描述

（1）中断控制挂起寄存器（ICPR 和 ICPR2）

ICPR 和 ICPR2 是只读寄存器,能指出哪些中断被激发,其内容不受屏蔽寄存器（ICMR 和 ICMR2）的影响。被激发的 IRQ 和 FIQ 中断在寄存器中都有对应的位,寄存器在系统复位后被清零,ICPR 和 ICPR2 的状态位如图 5-51,图 5-52 和图 5-53 所示。一些单元对于每个中断信号不止有一个源,当其中一个单元发生中断,中断服务程序通过寄存器（ICPR 和 ICPR2）或通过读 ICHP 标明这个中断,然后程序通过读这个中断单元的状态寄存器来确定是哪一个单元产生的中断。

Bits	Access	Name	Description
31	R	RTC_AL	Real-Time Clock Alarm: 0 = RTC equals alarm register interrupt has not occurred. 1 = RTC equals alarm register interrupt has occurred.
30	R	RTC_HZ	One Hz Clock: 0 = One Hz clock TIC has not occurred. 1 = One Hz clock TIC has occurred.
29	R	OST_3	OS Timer 3: 0 = OS timer does not equal match register 3. 1 = OS timer equals match register 3.
28	R	OST_2	OS Timer 2: 0 = OS timer does not equal match register 2. 1 = OS timer equals match register 2.
27	R	OST_1	OS Timer 1: 0 = OS timer does not equal match register 1. 1 = OS timer equals match register 1.
26	R	OST_0	OS Timer 0: 0 = OS timer does not equal match register 0. 1 = OS timer equals match register 0.
25	R	DMAC	DMA Controller: 0 = DMA Channel service request has not occurred. 1 = DMA Channel service request has occurred.
24	R	SSP1	SSP 1: 0 = SSP 1 has not requested service. 1 = SSP 1 has requested service.
23	R	MMC	MultiMediaCard: 0 = Flash card status has not changed/error detection has not occurred. 1 = Flash card status change/error detection has occurred.
22	R	FFUART	FFUART: 0 = A transmit or receive error in FFUART has not occurred. 1 = A transmit or receive error in FFUART has occurred.
21	R	BTUART	BTUART: 0 = A transmit or receive error in BTUART has not occurred. 1 = A transmit or receive error in BTUART has occurred.
20	R	STUART	STUART: 0 = A transmit or receive error in STUART has not occurred. 1 = A transmit or receive error in STUART has occurred.

图 5-51

Physical Address: 0x40D0_0010
Coprocessor Register: CR4   ICPR   Interrupt Controller

User Settings Bit	31	30	29	28	27	26	25	24	23	22	21	20	19	18	17	16	15	14	13	12	11	10	9	8	7	6	5	4	3	2	1	0
Name	RTC_AL	RTC_HZ	OST_3	OST_2	OST_1	OST_0	DMAC	SSP1	MMC	FFUART	BTUART	STUART	ICP	I2C	LCD	SSP2	USIM	AC97	I2S	PMU	USBC	GPIO_x	GPIO_1	GPIO_0	OST_4_11	PWR_I2C	MEM_STK	KEYPAD	USBH1	USBH2	MSL	SSP3
Reset	0	0	0	0	0	0	0	0	0	0	0	0	0	0	0	0	0	0	0	0	0	0	0	0	0	0	0	0	0	0	0	0

Bits	Access	Name	Description
19	R	ICP	Infrared Communications Port: 0 = A transmit or receive error in infrared port has not occurred. 1 = A transmit or receive error in infrared port has occurred.
18	R	I2C	I2C: 0 = I^2C service request has not occurred. 1 = I^2C service request has occurred.
17	R	LCD	LCD: 0 = LCD controller has not requested service. 1 = LCD controller has requested service.
16	R	SSP2	SSP2: 0 = SSP 2 has not requested service. 1 = SSP 2 has requested service.
15	R	USIM	USIM: 0 = Smart card interface status changes/error has occurred. 1 = Smart card interface status changes/error has occurred.
14	R	AC97	AC97: 0 = AC '97 interrupt has not occurred. 1 = AC '97 interrupt has occurred.
13	R	I2S	I2S: 0 = I^2S interrupt has not occurred. 1 = I^2S interrupt has occurred.
12	R	PMU	PMU: 0 = PMU (performance monitor) interrupt has not occurred. 1 = PMU (performance monitor) interrupt has occurred.
11	R	USBC	USB Client: 0 = USB client interrupt has not occurred. 1 = USB client interrupt has occurred.
10	R	GPIO_x	GPIO_x 0 = A GPIO_x edge (other than GPIO_0 or GPIO_1) has not been detected. 1 = A GPIO_x edge (other than GPIO_0 or GPIO_1) has been detected.
9	R	GPIO_1	GPIO_1: 0 = GPIO<1> edge has not been detected. 1 = GPIO<1> edge has been detected.
8	R	GPIO_0	GPIO_0: 0 = GPIO<0> edge has not been detected. 1 = GPIO<0> edge has been detected.
7	R	OST_4_11	OS Timers 4–11: 0 = OS timer match 4-11 has not occurred. 1 = OS timer match 4-11 has occurred.
6	R	PWR_I2C	Power I^2C: 0 = I^2C power unit interrupt has not occurred. 1 = I^2C power unit interrupt has occurred.
5	R	MEM_STK	Memory Stick: 0 = Memory stick host controller request has not occurred. 1 = Memory stick host controller request has occurred.
4	R	KEYPAD	Power I^2C: 0 = Keypad controller interrupt has not occurred. 1 = Keypad controller interrupt has occurred.
3	R	USBH1	USB Host 1: 0 = USB host interrupt 1 (OHCI) has not occurred. 1 = USB host interrupt 1 (OHCI) has occurred.
2	R	USBH2	USB Host 2: 0 = USB host interrupt 2 has not occurred. 1 = USB host interrupt 2 has occurred.
1	R	MSL	MSL: 0 = MSL interface interrupt 1 has not occurred. 1 = MSL interface interrupt 1 has occurred.
0	R	SSP3	SSP 3: 0 = SSP3 has not requested service. 1 = SSP3 has requested service.

图 5-52

Physical Address
0x40D0_00AC
Coprocessor Register Number
CR10

ICPR2

Interrupt Controller

Bits	Access	Name	Description
31-2	—	—	reserved
1	R	CIF	Quick Capture Interface: 0 = Quick capture Interface interrupt has not occurred 1 = Quick capture Interface interrupt has occurred = 0 otherwise
0	—	—	reserved

图 5-53

（2）中断控制 IRQ 挂起寄存器（ICIP 和 ICIP2）

ICIP 和 ICIP2 中每个中断都有对应的位，当某设备有一个未被屏蔽的中断挂起等待服务时，相应的位就会被置位。一般来说，软件通过读中断设备的状态寄存器获取详细的信息来确定怎样响应中断，ICIP 和 ICIP2 的状态位如图 5-54，图 5-55 和图 5-56 所示。

Physical Address: 0x40D0_0000
Coprocessor Register: CR0

ICIP

Interrupt Controller

Bits	Access	Name	Description
31	R	RTC_AL	Real-Time Clock Alarm 0 = One of the requirements for setting the bit has not been met. 1 = RTC equals Alarm register, interrupt level<31> = 0, and either Mask Bit <31> = 1 or DIM Bit = 0.
30	R	RTC_HZ	One Hz Clock 0 = One of the requirements for setting the bit has not been met. 1 = One Hz clock TIC occurred, interrupt level<30> = 0, and either Mask Bit <30> = 1 or DIM Bit = 0.
29	R	OST_3	OS Timer 3 0 = One of the requirements for setting the bit has not been met. 1 = OS timer equals match register 3, interrupt level<29> = 0, and either Mask Bit <29> = 1 or DIM Bit = 0.
28	R	OST_2	OS Timer 2 0 = One of the requirements for setting the bit has not been met. 1 = OS timer equals match register 2, interrupt level<28> = 0, and either Mask Bit <28> = 1 or DIM Bit = 0.
27	R	OST_1	OS Timer 1 0 = One of the requirements for setting the bit has not been met. 1 = OS timer equals match register 1, interrupt level<27> = 0, and either Mask Bit <27> = 1 or DIM Bit = 0.
26	R	OST_0	OS Timer 0 0 = One of the requirements for setting the bit has not been met. 1 = OS timer equals match register 0, interrupt level<26> = 0, and either Mask Bit <26> = 1 or DIM Bit = 0.
25	R	DMAC	DMA Controller 0 = One of the requirements for setting the bit has not been met. 1 = DMA Channel service request has occurred, interrupt level <23> = 0, and either Mask Bit<23> = 1 or DIM Bit = 0.
24	R	SSP1	SSP 1 0 = One of the requirements for setting the bit has not been met. 1 = SSP 1 service request has occurred, interrupt level <22> = 0, and either Mask Bit<22> = 1 or DIM Bit = 0.
23	R	MMC	MultiMediaCard 0 = One of the requirements for setting the bit has not been met. 1 = Flash card status has changed or any error has been detected, interrupt level<19> = 0, and either Mask Bit<19> = 1 or DIM Bit = 0.
22	R	FFUART	FFUART 0 = One of the requirements for setting the bit has not been met. 1 = A transmit or receive error has occurred in FFUART, interrupt level<18> = 0, and either Mask Bit<18> = 1 or DIM Bit = 0.
21	R	BTUART	BTUART 0 = One of the requirements for setting the bit has not been met. 1 = A transmit or receive error has occurred in BTUART, interrupt level<17> = 0, and either Mask Bit<17> = 1 or DIM Bit = <0>.

图 5-54

Physical Address: 0x40D0_0000
Coprocessor Register: CR0   ICIP   Interrupt Controller

User Settings																															
Bit	31	30	29	28	27	26	25	24	23	22	21	20	19	18	17	16	15	14	13	12	11	10	9	8	7	6	5	4	3	2	1	0
	RTC_AL	RTC_HZ	OST_3	OST_2	OST_1	OST_0	DMAC	SSP1	MMC	FFUART	BTUART	STUART	ICP	I2C	LCD	SSP2	USIM	AC97	I2S	PMU	USBC	GPIO_x	GPIO_1	GPIO_0	OST_4_11	PWR_I2C	MEM_STK	KEYPAD	USBH1	USBH2	MSL	SSP3
Reset	0	0	0	0	0	0	0	0	0	0	0	0	0	0	0	0	0	0	0	0	0	0	0	0	0	0	0	0	0	0	0	0

Bits	Access	Name	Description
20	R	STUART	STUART 0 = One of the requirements for setting the bit has not been met. 1 = A transmit or receive error has occurred in STUART, interrupt level<16> = 0, and either Mask Bit<16> = 1 or DIM Bit = 0.
19	R	ICP	Infrared Communications Port 0 = One of the requirements for setting the bit has not been met. 1 = A transmit or receive error has occurred in infrared port, interrupt level<15> = 0, and either Mask Bit<15> = 1 or DIM Bit = 0.
18	R	I2C	I²C 0 = One of the requirements for setting the bit has not been met. 1 = I²C service request has occurred, interrupt level<14> = 0, and either Mask Bit<14> = 1 or DIM Bit = 0.
17	R	LCD	LCD 0 = One of the requirements for setting the bit has not been met. 1 = LCD controller service request has occurred, interrupt level<13> = 0, and either Mask Bit<13> = 1 or DIM Bit = 0.
16	R	SSP2	SSP 2 0 = One of the requirements for setting the bit has not been met. 1 = SSP 2 service requests has occurred, interrupt level<21> = 0, and either Mask Bit<21> = 1 or DIM Bit = 0.
15	R	USIM	USIM 0 = One of the requirements for setting the bit has not been met. 1 = Smart card interface status/error has occurred, interrupt level<20> = 0, and either Mask Bit<20> = 1 or DIM Bit = 0.
14	R	AC97	AC97 0 = One of the requirements for setting the bit has not been met. 1 = AC '97 interrupt has occurred, interrupt level<12> = 0, and either Mask Bit<12> = 1, or DIM Bit = 0.
13	R	I2S	I²S 0 = One of the requirements for setting the bit has not been met. 1 = I²S interrupt has occurred, interrupt level<11> = 0, and either Mask Bit<11> = 1 or DIM Bit = 0.
12	R	PMU	Power Management Unit 0 = One of the requirements for setting the bit has not been met. 1 = PMU (Performance Monitor) interrupt has occurred, interrupt level<6> = 0, and either Mask Bit<6> = 1 or DIM Bit = 0.
11	R	USBC	USB Client 0 = One of the requirements for setting the bit has not been met. 1 = USB client interrupt has occurred, interrupt level<5> = 0, and either Mask Bit<5> = 1 or DIM Bit = 0.
10	R	GPIO_x	GPIO_x 0 = One of the requirements for setting the bit has not been met. 1 = GPIO_x (other than GPIO_0 or GPIO_1) edge detect = 1, interrupt level<10> = 0, and either Mask Bit<10> = 1 or DIM Bit = 0.
9	R	GPIO_1	GPIO_1 0 = One of the requirements for setting the bit has not been met. 1 = GPIO<1> has detected an edge, interrupt level<9> = 0, and either Mask Bit<9> = 1 or DIM Bit = 0.
8	R	GPIO_0	GPIO_0 0 = One of the requirements for setting the bit has not been met. 1 = GPIO<0> has detected an edge, interrupt level<8> = 0, and either Mask Bit<8> = 1 or DIM Bit = 0.
7	R	OST_4_11	OS Timer 4-11 0 = One of the requirements for setting the bit has not been met. 1 = OS timer match 4-11 has occurred, interrupt level<7> = 0, and either Mask Bit<7> = 1 or DIM Bit = 0.
6	R	PWR_I2C	Power I²C 0 = One of the requirements for setting the bit has not been met. 1 = I²C power unit interrupt has occurred, interrupt level<0> = 0, and either Mask Bit<0> = 1 or DIM Bit = 0.
5	R	MEM_STK	Memory Stick 0 = One of the requirements for setting the bit has not been met. 1 = Memory stick host controller request has occurred, interrupt level<24> = 0, and either Mask Bit<24> = 1 or DIM Bit = 0.
4	R	KEYPAD	Keypad 0 = One of the requirements for setting the bit has not been met. 1 = Keypad controller interrupt has occurred, interrupt level<4> = 0, and either Mask Bit<4> = 1 or DIM Bit = 0.
3	R	USBH1	USB Host 1 0 = One of the requirements for setting the bit has not been met. 1 = USB host interrupt 1 (OHCI) interrupt has occurred, interrupt level<3> = 0, and either Mask Bit<3> = 1 or DIM Bit = 0.
2	R	USBH2	USB Host 2 0 = One of the requirements for setting the bit has not been met. 1 = USB host interrupt 2 interrupt has occurred, interrupt level<2> = 0, and either Mask Bit<2> = 1 or DIM Bit = 0.
1	R	MSL	MSL 0 = One of the requirements for setting the bit has not been met. 1 = MSL interrupt has occurred, interrupt level<1> = 0, and either Mask Bit<1> = 1 or DIM Bit = 0.
0	R	SSP3	SSP 3 0 = One of the requirements for setting the bit has not been met. 1 = SSP 3 service request has occurred, interrupt level<0> = 0, and either Mask Bit<0> = 1 or DIM Bit = 0.

图 5-55

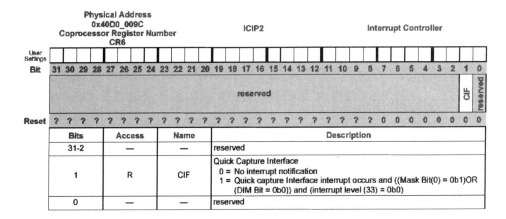

图 5-56

（3）中断控制 FIQ 挂起寄存器（ICFP 和 ICFP2）

ICFP 和 ICFP2 中每个中断源都有对应的位，当某设备有一个未被屏蔽的中断挂起等待服务时，相应的位就会被置位，ICFP 和 ICFP2 的状态位如图 5-57，图 5-58 和图 5-59 所示。

Bits	Access	Name	Description
31	R	RTC_AL	Real-Time Clock Alarm 0 = No interrupt notification 1 = RTC equals alarm register has occurred, interrupt level<31> = 1, and either Mask Bit<31> = 1 or DIM Bit = 0.
30	R	RTC_HZ	One Hz Clock 0 = No interrupt notification 1 = One Hz clock TIC has occurred, interrupt level<30> = 1, and either Mask Bit<30> = 1 or DIM Bit = 0.
29	R	OST_3	OS Timer 3 0 = No interrupt notification 1 = OS timer equals match register 3, interrupt level<29> = 1, and either Mask Bit<29> = 1 or DIM Bit = 0.
28	R	OST_2	OS Timer 2 0 = No interrupt notification 1 = OS timer equals match register 2, interrupt level<28> = 1, and either Mask Bit<28> = 1 or DIM Bit = 0.
27	R	OST_1	OS Timer 1 0 = No interrupt notification 1 = OS timer equals match register 1, interrupt level<27> = 1, and either Mask Bit<27> = 1 or DIM Bit = 0.
26	R	OST_0	OS Timer 0 0 = No interrupt notification 1 = OS timer equals match register 0, interrupt level<26> = 1, and either Mask Bit<26> = 1 or DIM Bit = 0.
25	R	DMAC	DMA Controller 0 = No interrupt notification 1 = DMA Channel service request has occurred, interrupt level<23> = 1, and either Mask Bit<23> = 1 or DIM Bit = 0.
24	R	SSP1	SSP 1 0 = No interrupt notification 1 = SSP 1 service request has occurred, interrupt level<22> = 1, and either Mask Bit<22> = 1 or DIM Bit = 0.
23	R	MMC	MultiMediaCard 0 = No interrupt notification 1 = Flash Card status has changed or any error has been detected, interrupt level<19> = 1, and either Mask Bit<19> = 1 or DIM Bit = 0.

图 5-57

Physical Address
0x40D0_000C
Coprocessor Register
CR3

ICFP

Interrupt Controller

User Settings																																
Bit	31	30	29	28	27	26	25	24	23	22	21	20	19	18	17	16	15	14	13	12	11	10	9	8	7	6	5	4	3	2	1	0
	RTC_AL	RTC_HZ	OST_3	OST_2	OST_1	OST_0	DMAC	SSP1	MMC	FFUART	BTUART	STUART	ICP	I2C	LCD	SSP2	USIM	AC97	I2S	PMU	USBC	GPIO_x	GPIO_1	GPIO_0	OST_4_11	PWR_I2C	MEM_STK	KEYPAD	USBH1	USBH2	MSL	SSP3
Reset	0	0	0	0	0	0	0	0	0	0	0	0	0	0	0	0	0	0	0	0	0	0	0	0	0	0	0	0	0	0	0	0

Bits	Access	Name	Description
22	R	FFUART	FFUART 0 = No interrupt notification 1 = A transmit or receive error has occurred in FFUART, interrupt level<18> = 1, and either Mask Bit<18> = 1 or DIM Bit = 0.
21	R	BTUART	BTUART 0 = No interrupt notification 1 = A transmit or receive error has occurred in BTUART, interrupt level<17> = 1, and either Mask Bit<17> = 1 or DIM Bit = 0.
20	R	STUART	STUART 0 = No interrupt notification 1 = A transmit or receive error in STUART has occurred, interrupt level<16> = 1, and either Mask Bit<16> = 1 or DIM Bit = 0.
19	R	ICP	Infrared Communications Port 0 = No interrupt notification 1 = A transmit or receive error in ICP has occurred, interrupt level<15> = 1, and either Mask Bit<15> = 1 or DIM Bit = 0.
18	R	I2C	I^{2}C 0 = No interrupt notification 1 = I^{2}C service request has occurred, interrupt level<14> = 1, and either Mask Bit<14> = 1 or DIM Bit = 0.
17	R	LCD	LCD Controller 0 = One of the requirements for setting the bit has not been met. 1 = LCD controller service request. has occurred, interrupt level<13> = 1, and either Mask Bit<13> = 1 or DIM Bit = 0.
16	R	SSP2	SSP 2 0 = No interrupt notification 1 = SSP 2 service request has occurred, interrupt level<21> = 1, and either Mask Bit<21> = 1 or DIM Bit = 0.
15	R	USIM	USIM 0 = No interrupt notification 1 = Smart card interface status/error has occurred, interrupt level<20> = 1, and either Mask Bit<20> = 1 or DIM Bit = 0.
14	R	AC97	AC97 0 = No interrupt notification 1 = AC '97 interrupt has occurred, interrupt level<12> = 1, and either Mask Bit<12> = 1 or DIM Bit = 0.
13	R	I2S	I^{2}S 0 = No interrupt notification 1 = I^{2}S interrupt has occurred, interrupt level<11> = 1, and either Mask Bit<11> = 1 or DIM Bit = 0.
12	R	PMU	Performance Monitor Unit 0 = No interrupt notification 1 = PMU interrupt has occurred, interrupt level<6> = 1, and either Mask Bit<6> = 1 or DIM Bit = 0.
11	R	USBC	USB Client 0 = No interrupt notification 1 = USB client interrupt has occurred, interrupt level<5> = 1, and either Mask Bit<5> = 1 or DIM Bit = 0.
10	R	GPIO_x	GPIO x 0 = No interrupt notification. 1 = GPIO_x (other than GPIO_0 and GPIO_1) edge detect =1, interrupt level<10> = 1, and either Mask Bit<10> = 1 or DIM Bit = 0.
9	R	GPIO_1	GPIO 1 0 = No interrupt notification 1 = GPIO<1> detected an edge, interrupt level<9> = 1, and either Mask Bit<9> = 1 or DIM Bit = 0.
8	R	GPIO_0	GPIO 0 0 = No interrupt notification 1 = GPIO<0> detected an edge, interrupt level<8> = 1, and either Mask Bit<8> = 1 or DIM Bit = 0.
7	R	OST_4_11	OS Timer 4–11 0 = No interrupt notification 1 = OS timer match 4-11 has occurred, interrupt level<7> = 1, and either Mask Bit<7> = 1 or DIM Bit = 0.

图 5-58

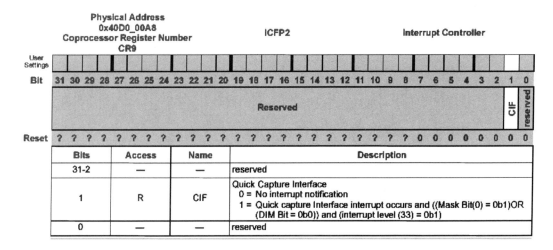

图 5-59

（4）中断控制屏蔽寄存器（ICMR 和 ICMR2）

可读/写的 ICMR 和 ICMR2 中每个挂起的中断都有对应的位，当 ICMR 或 ICMR2 中相应的位被置位时，被激发的中断被送到 IRQ 或 FIQ（取决于中断级别的设置），除非处理器处于空闲状态，且 ICCR[CIM]被清零，ICMR 和 ICMR2 的状态位如图 5-60，图 5-61 和图 5-62 所示。

Physical Address
0x40D0_0004
Coprocessor Register
CR1

ICMR

Interrupt Controller

Bit	31	30	29	28	27	26	25	24	23	22	21	20	19	18	17	16	15	14	13	12	11	10	9	8	7	6	5	4	3	2	1	0
	RTC_AL	RTC_HZ	OST_3	OST_2	OST_1	OST_0	DMAC	SSP1	MMC	FFUART	BTUART	STUART	ICP	I2C	LCD	SSP2	USIM	AC97	I2S	PMU	USBC	GPIO_x	GPIO_1	GPIO_0	OST_4_11	PWR_I2C	MEM_STK	KEYPAD	USBH1	USBH2	MSL	SSP3
Reset	0	0	0	0	0	0	0	0	0	0	0	0	0	0	0	0	0	0	0	0	0	0	0	0	0	0	0	0	0	0	0	0

Bits	Access	Name	Description
31	R/W	RTC_AL	Real-Time Clock Alarm 0 = Masked. 1 = RTC equals alarm register interrupt is not to be masked.
30	R/W	RTC_HZ	One Hz Clock 0 = Masked. 1 = One Hz clock TIC interrupt is not to be masked.
29	R/W	OST_3	OS Timer 3 0 = Masked. 1 = OS timer equals match register 3 interrupt is not to be masked.
28	R/W	OST_2	OS Timer 2 0 = Masked. 1 = OS timer equals match register 2 interrupt is not to be masked.
27	R/W	OST_1	OS Timer 1 0 = Masked. 1 = OS timer equals match register 1 interrupt is not to be masked.
26	R/W	OST_0	OS Timer 0 0 = Masked. 1 = OS timer equals match register 0 interrupt is not to be masked.
25	R/W	DMAC	DMA Controller 0 = Masked. 1 = DMA Channel service request interrupt is not to be masked.
24	R/W	SSP1	SSP 1 0 = Masked. 1 = SSP 1 service request interrupt is not to be masked.
23	R/W	MMC	MultiMediaCard 0 = Masked. 1 = Flash card interrupt is not to be masked.
22	R/W	FFUART	FFUART 0 = Masked. 1 = FFUART interrupt is not to be masked.

图 5-60

Physical Address
0x40D0_0004
Coprocessor Register
CR1

ICMR

Interrupt Controller

Bit	31	30	29	28	27	26	25	24	23	22	21	20	19	18	17	16	15	14	13	12	11	10	9	8	7	6	5	4	3	2	1	0
Name	RTC_AL	RTC_HZ	OST_3	OST_2	OST_1	OST_0	DMAC	SSP1	MMC	FFUART	BTUART	STUART	ICP	I2C	LCD	SSP2	USIM	AC97	I2S	PMU	USBC	GPIO_x	GPIO_1	GPIO_0	OST_4_11	PWR_I2C	MEM_STK	KEYPAD	USBH1	USBH2	MSL	SSP3
Reset	0	0	0	0	0	0	0	0	0	0	0	0	0	0	0	0	0	0	0	0	0	0	0	0	0	0	0	0	0	0	0	0

Bits	Access	Name	Description
21	R/W	BTUART	BTUART 0 = Masked. 1 = BTUART interrupt is not to be masked.
20	R/W	STUART	STUARTS 0 = Masked. 1 = STUART interrupt is not to be masked.
19	R/W	ICP	Infrared Communications Port 0 = Masked. 1 = ICP interrupt is not to be masked.
18	R/W	I2C	I²C 0 = Masked. 1 = I²C interrupt is not to be masked.
17	R/W	LCD	LCD Controller 0 = Masked. 1 = LCD controller interrupt is not to be masked.
16	R/W	SSP2	SSP 2 0 = Masked. 1 = SSP 2 service request interrupt is not to be masked.
15	R/W	USIM	USIM 0 = Masked. 1 = Smart card interface status/error interrupt is not to be masked.
14	R/W	AC97	AC97 0 = Masked. 1 = AC '97 interrupt is not to be masked.
13	R/W	I2S	I²S 0 = Masked. 1 = I²S interrupt is not to be masked.
12	R/W	PMU	Performance Monitor Unit 0 = Masked. 1 = PMU interrupt is not to be masked.
11	R/W	USBC	USB Client 0 = Masked. 1 = USB client interrupt is not to be masked.
10	R/W	GPIO_x	GPIO_x 0 = Masked. 1 = GPIO_x (other than GPIO_0 and GPIO_1) edge detected interrupt is not to be masked.
9	R/W	GPIO_1	GPIO_1 0 = Masked. 1 = GPIO<1> edge detect interrupt is not to be masked.
8	R/W	GPIO_0	GPIO_0 0 = Masked. 1 = GPIO<0> edge detect interrupt is not to be masked.
7	R/W	OST_4_11	OS Timer 4–11 0 = Masked. 1 = OS timer match 4-11 interrupt is not to be masked.
6	R/W	PWR_I2C	Power Manager I²C 0 = Masked. 1 = I²C power interrupt is not to be masked.
5	R/W	MEM_STK	Memory Stick 0 = Masked. 1 = Memory stick host controller service request is not to be masked.
4	R/W	KEYPAD	Keypad Controller 0 = Masked. 1 = Keypad controller interrupt is not to be masked.
3	R/W	USBH1	USB Host 1 0 = Masked. 1 = USB host interrupt 1 (OHCI) is not to be masked.
2	R/W	USBH	USB Host 2 0 = Masked. 1 = USB host interrupt 2 is not to be masked.
1	R/W	MSL	MSL 0 = Masked. 1 = MSL interrupt is not to be masked.
0	R/W	SSP3	SSP 3 0 = Masked. 1 = SSP 3 service request interrupt is not to be masked.

图 5-61

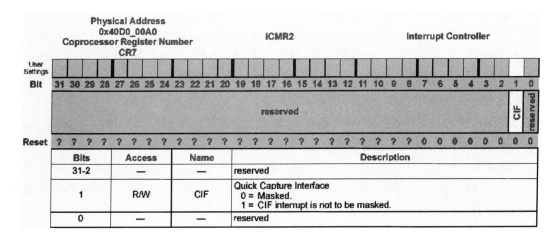

图 5-62

3. 与中断相关的函数说明

1）request_irq 函数

int request_irq（unsigned int irq,void（ * handler）（int,void * ,struct pt_regs * ），
　　　　　　　　unsigned long irq_flags,const char * devname,void * dev_id）；

该函数有 5 个参数,如下所述。

- irq：外设所使用的 IRQ 线号。
- handler 函数指针：设备驱动程序所实现的 ISR 函数。
- irq_flags：设备驱动程序指定的中断请求类型标志,可以是 SA_SHIRQ、SA_INTER-RUPT 和 SA_SAMPLE_RANDOM 这三个值的"或"。SA_SHIRQ 表示中断是共享的。SA_INTERRUPT 表示当处理中断时,其他局部中断不可用。SA_SAMPLE_RANDOM 表示中断可以作为随机计量单位熵使用。
- devname 指针：设备名称字符串。
- dev_id：指向全局唯一的设备标识 ID,这是一个 void 类型的指针,可供设备驱动程序自行解释。

该调用定位中断源,使能中断线和 IRQ 处理函数,从该点处理函数才可能被触发。由于中断处理函数必须清除发出的任何中断,因此必须仔细地初始化硬件,并设置正确的中断处理函数。该调用返回值为 0 时表示成功,返回值非 0 表示失败。

此外,dev_id 必须全局唯一,装置数据结构的地址一般作为 cookie 使用。由于处理函数接收该值,如果中断是共享的,则在释放该中断时,必须传送一个非空 dev_id。

在指定了中断共享标志 SA_SHIRQ 时,参数 dev_id 必须有效,不能为 NULL,IRQ 线号参数 irq 不能大于 NR_IRQS,同时 handler 指针不能为 NULL,否则将出现错误号为 −22 的参数无效错误,无法注册中断服务程序。

2）free_irq 函数

void free_irq（unsigned int irq,void * dev_id）；

该函数释放和中断号绑定的中断处理函数。中断线如果没有被其他装置使用,则是无效的。在共享中断时,调用者必须确保调用该函数前中断线是无效的。

该调用必须和 register_irq() 一起使用,它的参数必须和 register_irq() 中注册的参数一致,irq 是 register_irq() 中声明的外设所使用的 IRQ 线号,dev_id 是 register_irq() 中声明的设备标识 ID,如果 register_irq() 中是 NULL,这里也必须为 NULL。特别注意,dev_id 不能是中断服务程序地址,否则在执行 rmmod 命令删除该模块时将出现错误,提示不能释放程序所使用的外部中断,必须重启系统才能再次载入该模块。

若想深入研究这些函数,请参见相关的源代码,相关代码位于/pxa270_linux/kernel/arch/arm/mach-pxa270/irq.c 和/pxa270_linux/kernel/arch/arm/kernel/irq.c 两个文件中。

实验步骤:

通过阅读以上知识,编写一个中断程序,使每次按下目标板上的"SW2"键时,终端上会打印出响应信息。

① 编写并编译驱动程序。在宿主 PC 端编辑两个文件:驱动程序和编译驱动程序时使用的 Makefile。这个程序不需要测试程序,因为中断是异步的外部事件,每到中断发生时,系统都需要响应。

在宿主 PC 端的终端窗口,输入以下 5 条命令:

① cp /pxa270_linux/Supply/Interrupt /home -arf

② cd /home/Interrupt

③ vi pxa270_int_drv.c　　　　　/*输入驱动程序清单 5.7,并将其补充完整*/

④ vi Makefile　　　　　　　　/*输入 Makefile 程序,见以下特别提示*/

⑤ make modules　　　　　　　/*编译驱动程序*/

特别提示:本实验命令④输入编译驱动时使用的 Makefile 文件时,可以继续使用实验 12 的 Makefile 文件,但是必须进行如下修改(加粗部分):

TARGET = pxa270_int_drv.o

　　modules：$(TARGET)

　　all：$(TARGET)

　　pxa270_int_drv.o：pxa270_int_drv.c

$(CC) -c　$(CFLAGS) $^　-o $@

② 在 PXA270-EP 目标板上运行程序。在超级终端窗口,输入以下 4 条命令:

① root　　　　　　　　　　　　　　/*以 root 身份登录 PXA270-EP 目标板*/

② mount -o soft, timeo = 100, rsize = 1024 192.168.0.100：/ /mnt

　　　　　　　　　/*将宿主 PC 的根目录挂载到 PXA270-EP 目标板的/mnt 目录下*/

③ cd /mnt/home/Interrupt

④ insmod pxa270_int_drv.o　　　　/*加载驱动程序,如图 5-63 所示*/

将此程序编译运行后,按 PXA270-EP 目标板的键盘上方的"SW2"键,每当按下该按键时就会触发中断,并打印出相应的响应信息,如图 5-63 所示。按"Ctrl＋C"可退出测试程序。

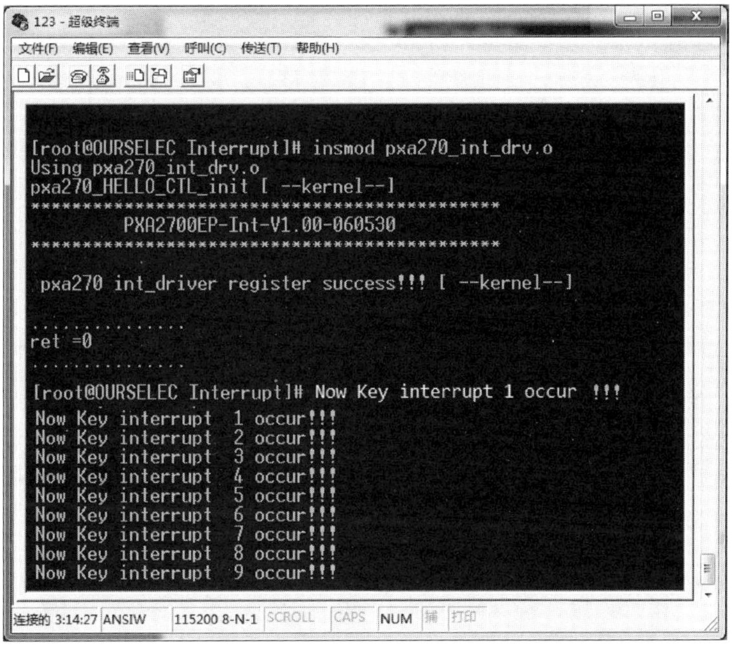

图 5-63

实验注意事项:在实验过程中,实验者需要了解硬件中断引脚与中断号的对应关系,以及中断号与中断处理程序的对应关系。

实验参考程序:

程序清单 5.7

* *

```
/*   This file for explain how to use interrupt    */
# include <linux/config.h>
# include <linux/kernel.h>
# include <linux/sched.h>
# include <linux/timer.h>
# include <linux/init.h>
# include <linux/module.h>
# include <asm/hardware.h>

// HELLO DEVICE MAJOR
# define SIMPLE_INT_MAJOR 98
# define SIMPLE_INT_IRQ 196
# define HELLO_DEBUG
# define VERSION        "PXA2700EP-Int-V1.00-060530"
void showversion(void)
```

```
{
    补充代码(1)
}
static int SimpleINT_temp_count = 0;
// ----------------------- READ ----------------------
ssize_t SIMPLE_INT_read (struct file * file,char * buf, size_t count, loff_t * f_ops)
{
    补充代码(2)
}
// ----------------------- WRITE ----------------------
ssize_t SIMPLE_INT_write (struct file * file,const char * buf, size_t count,
                          loff_t * f_ops)
{
    补充代码(3)
}
// ----------------------- IOCTL ----------------------
ssize_t SIMPLE_INT_ioctl (struct inode * inode,struct file * file, unsigned int
                          cmd, long data)
{
    # ifdef HELLO_DEBUG
         printk ("SIMPLE_INT_ioctl [ --kernel-- ]\n");
    # endif
    return 0;
}
// ----------------------- OPEN ----------------------
ssize_t SIMPLE_INT_open (struct inode * inode,struct file * file)
{
    # ifdef HELLO_DEBUG
         printk ("SIMPLE_INT_open [ --kernel-- ]\n");
    # endif
    MOD_INC_USE_COUNT;
    return 0;
}
// ------------------- RELEASE/CLOSE -----------------
ssize_t SIMPLE_INT_release (struct inode * inode,struct file * file)
{
    # ifdef HELLO_DEBUG
         printk ("SIMPLE_INT_release [ --kernel-- ]\n");
```

```
    # endif
    MOD_DEC_USE_COUNT;
    return 0;
}
static void SIMPLE_INT_interrupt(int nr, void * devid, struct pt_regs * regs)
{
    SimpleINT_temp_count++;
    printk("Now Key interrupt %d occur!!! \n",SimpleINT_temp_count);
}
// ----------------------- OPS -----------------------
struct file_operations INT_ctl_ops = {
    补充代码(4)
};
// ----------------------- INIT -----------------------
static int __init HW_HELLO_CTL_init(void)
{
    int ret = - ENODEV;
    ret = devfs_register_chrdev(SIMPLE_INT_MAJOR, "int_ctl", &INT_ctl_ops);
    showversion();
    if(ret < 0 )
    {
        printk (" pxa270 init_module failed with %d\n [ --kernel-- ]", ret);
        return ret;
    }
    else
    {
        printk(" pxa270 int_driver register success!!! [ --kernel-- ]\n");
    }
    ret = request_irq(SIMPLE_INT_IRQ, &SIMPLE_INT_interrupt, SA_INTERRUPT, "int
                _ctl", NULL);
    printk("\n..............\n ret = %x \n..............\n", ret );
    return ret;
}
static int __init pxa270_HELLO_CTL_init(void)
{
    int  ret = - ENODEV;
    # ifdef HELLO_DEBUG
            printk ("pxa270_HELLO_CTL_init [ --kernel-- ]\n");
```

```
    #endif
    ret = HW_HELLO_CTL_init();
    if (ret)
        return ret;
    return 0;
}
static void __exit cleanup_HELLO_ctl(void)
{
    #ifdef HELLO_DEBUG
            printk ("cleanup_INT_ctl [ -- kernel -- ]\n");
    #endif
    devfs_unregister_chrdev (SIMPLE_INT_MAJOR, "int_ctl" );
    free_irq(SIMPLE_INT_IRQ,NULL);
}
MODULE_DESCRIPTION("simple int driver module");
MODULE_AUTHOR("hr");
MODULE_LICENSE("GPL");
module_init(pxa270_HELLO_CTL_init);
module_exit(cleanup_HELLO_ctl);
```

* *

实验 15　数码管显示驱动实验

实验目的:学习串并转换的相关知识,并编写驱动程序。

实验内容:编写针对 74LV164 芯片的驱动程序。

实验设备:

① 一套 PXA270-EP 嵌入式实验箱。

② 安装 RedHat 9.0 且配置好 ARM Linux 开发环境的宿主 PC。

预备知识:熟悉 Linux 各组成部分的作用,熟悉 Linux 系统基本操作,熟练掌握 C 语言运用,熟悉 Linux 基本驱动编写的步骤及方法。

实验原理:

1. LED 的发光原理

LED(Light Emitting Diode)即发光二极管,是一种半导体固体发光器件。LED 将固体半导体置于一个有引线的架子上,然后四周用环氧树脂密封,起到保护内部芯线的作用,因此 LED 的抗震性能好。

发光二极管的核心部分是由 P 型半导体和 N 型半导体组成的晶片,如图 5-64 所示,在 P 型半导体和 N 型半导体之间有一个过渡层,称为 PN 结。在某些半导体材料的 PN 结中,注入的少数载流子与多数载流子复合时会把多余的能量以光的形式释放出来,从而把电能直接转换为光能。PN 结加反向电压,少数载流子难以注入,故不发光。这种利用注入式电致发光原理制作的二极管称作发光二极管,通称 LED。当 LED 处于正向工作状态(即两端加上正向电压),电流从 LED 阳极流向阴极时,半导体晶体就发出不同颜色(从紫外到红外)的光线,光的强弱与电流有关。

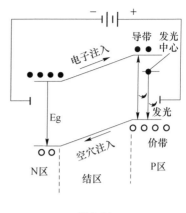

图 5-64

2. 八段 LED 显示器

八段 LED 显示器由 8 个发光二极管组成,如图 5-65 和图 5-66 所示,其中 7 个长条形的发光管排列成"日"字形,另一个贺点形的发光管在显示器的右下角用于显示小数点,它能显示各种数字以及部分英文字母。LED 显示器有两种不同的形式:一种是 8 个发光二极管的阳极都连在一起的,称之为共阳极 LED 显示器;另一种是 8 个发光二极管的阴极都连在一起的,称之为共阴极 LED 显示器。

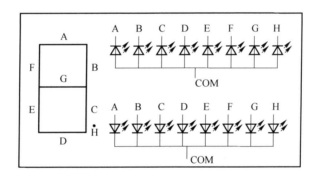

图 5-65

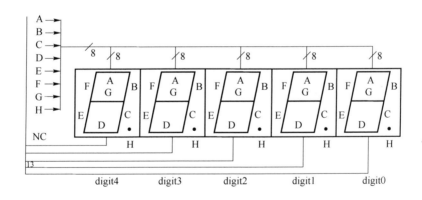

图 5-66

共阴和共阳结构的 LED 显示器各笔划段名和安排位置是相同的。当二极管导通时,相应的笔划段发光,由发光的笔划段组合显示各种字符。8 个笔划段 H～A 对应一个字节(8 位)的 $D_7～D_0$,因此用 8 位二进制码就可以表示所要显示字符的字形代码。例如,对于共阴极 LED 显示器,当共阴极接地(为零电平),而阳极 H～A 各段为 01110011 时,显示器显示"P"字符,即对于共阴极 LED 显示器,"P"字符的字形代码是 73H。如果是共阳极 LED 显示器,共阳极接高电平,显示"P"字符的字形代码应为 10001100(8CH)。需要注意的是,很多产品为方便接线,常不按照规则对应字段与位的关系,这时字形代码必须根据接线自行设计。

3. 74LV164 芯片的介绍

74LV164 是 8 位边沿触发的串行输入、并行输出的转换器。串行的数据从两个输入端中的一个输入,两个输入端必须连在一起,或将不用的输入端接高电平。

在时钟信号(CP)的上升沿到来时,数据向右移位。数据从 Q_0 进入,它是两个输入引脚(Dsa 和 Dsb)逻辑"与"的结果。在 MR 引脚输入低电平可以把所有输入清零,并把输出置为低电平,如图 5-67 和图 5-68 所示。

PIN DESCRIPTION

PIN NUMBER	SYMBOL	FUNCTION
1,2	Dsa,Dsb	Data inputs
3,4,5,6,10,11,12,13	Q0-Q7	Outputs
7	GND	Ground(0)
8	CP	Clock input(LOW-to-HIGH,edge-trig-gered)
9	$\overline{\text{MR}}$	Master reset input(active LOW)
14	Vcc	Positive supply voltage

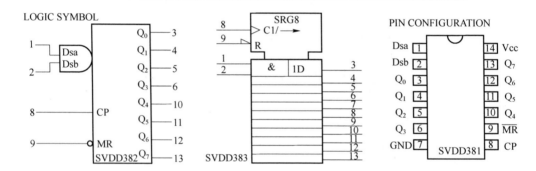

图 5-67

Operating modes	Inputs				Outputs	
	$\overline{\text{MR}}$	CP	DSA	DSB	Q0	Q1 to Q7
Reset(clear)	L	X	X	X	L	L to L
Shift	H	↑	l	l	L	q0 to q6
	H	↑	l	h	L	q0 to q6
	H	↑	h	l	L	q0 to q6
	H	↑	h	h	H	q0 to q6

H＝HIGH voltage leve

h＝HIGH voltage leve one set-up time prior to the LOW-to-HIGH CP transition

L＝LOW voltage leve

l＝LOW voltage leve one set-up time prior to the LOW-to-HIGH CP transition

q＝Lower casr letter indicates the state of referenced input one set-up time prior to the LOW-to-HIGH CP transition

↑＝LOW-to-HIGH clock transition

图 5-68

数码管的连接电路如图 5-69 所示。

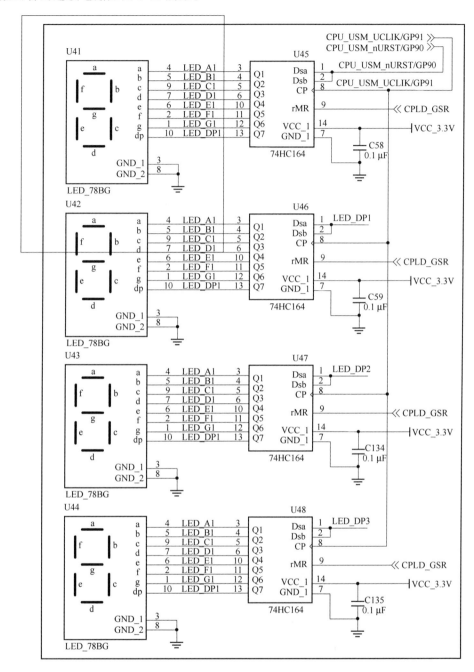

图 5-69

实验步骤：

本实验中编写驱动程序的目的是实现在 Linux 系统下控制 LED 数码管的显示，由于 LED 的硬件比较简单，因此这个驱动程序也比较简单。

① 硬件连接：按照实验 1 的步骤，连接宿主 PC 和一台 PXA270-EP 目标板。

② 编写并编译驱动程序。在宿主 PC 端需编辑 3 个文件：驱动程序、编译驱动程序时使用的 Makefile、测试程序。在宿主 PC 端的终端窗口，输入以下 5 条命令：

① cp /pxa270_linux/Supply/Serial_LED /home -arf   /＊复制文件＊/

② cd /home/Serial_LED

③ vi pxa270_serial_led_drv.c   /＊输入驱动程序清单5.8,并将其补充完整＊/

④ vi Makefile   /＊输入 Makefile 程序,见以下特别提示＊/

⑤ make modules   /＊编译驱动程序＊/

特别提示:本实验命令④输入编译驱动时使用的 Makefile 文件时,可以继续使用实验 12 的 Makefile 文件,但是必须进行如下修改(加粗部分):

TARGET = **pxa270_serial_led_drv. o**

modules：$(TARGET)

all：$(TARGET)

pxa270_serial_led_drv. o：pxa270_serial_led_drv. c

$(CC) -c $(CFLAGS) $^ -o $@

③ 编写并编译测试程序。在同一个终端窗口中,输入以下 2 条命令:

① vi simple_test_driver.c   /＊输入程序清单 5.9＊/

② arm-linux-gcc -o test simple_test_driver.c   /＊编译测试程序＊/

④ 在 PXA270-EP 目标板运行测试程序。在超级终端窗口,进入 PXA270-EP 目标板的界面后,输入以下 5 条命令:

① root   /＊以 root 身份登录 PXA270-EP 目标板＊/

② mount -o soft, timeo = 100, rsize = 1024 192.168.0.100：/ /mnt

    /＊将宿主 PC 的根目录挂载到 PXA270-EP 目标板的/mnt 目录下＊/

③ cd /mnt/home/Serial_LED

④ insmod pxa270_serial_led_drv.o   /＊加载驱动程序＊/

⑤ ./test   /＊运行测试程序的目标程序＊/

在运行测试程序后,PXA270-EP 目标板上的 LED 数码管循环显示数字 0～9,在超级终端可以看到读和写的打印信息,如图 5-70 和图 5-71 所示。按"Ctrl＋C"可退出 LED 数码管循环显示。

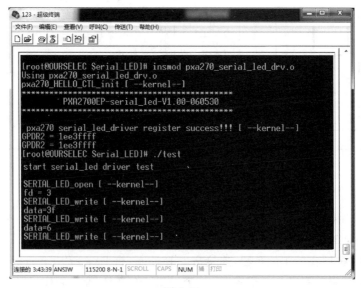

图 5-70

图 5-71

实验注意事项:请实验者仔细阅读本实验的实验原理及说明部分,这将对编写 LED 驱动程序非常有帮助。

实验作业:

本实验实现了在 Linux 系统下控制 LED 数码管的显示,在此基础上,设计编写程序实现以下功能:

① 实现 PXA270-EP 目标板上的 LED 数码管循环显示数字 9~0;

② 实现 PXA270-EP 目标板上的 LED 数码管循环显示数字 2,4,6,8,0 或 8,6,4,2,0。

实验参考程序:

程序清单 5.8

```
********************************************************************
/*      This file for explain how to use a simple driver   */
# include <linux/config.h>
# include <linux/kernel.h>
# include <linux/sched.h>
# include <linux/timer.h>
# include <linux/init.h>
# include <linux/module.h>
# include <asm/hardware.h>
# include <linux/interrupt.h>          /* for in_interrupt */
# include <linux/delay.h>              /* for udelay */
# include <linux/modversions.h>
# include <linux/version.h>
# include <asm/io.h>
# include <asm/irq.h>
# include <asm/uaccess.h>
```

```
// HELLO DEVICE MAJOR
#define SERIAL_LED_MAJOR 105
#define HELLO_DEBUG
#define VERSION          "PXA2700EP-serial_led-V1.00-060530"

void showversion(void)
{
    补充代码(1)
}
void write_bit(int data)
{
        GPCR2 |= (0x1 << 27);
        if((data & 0x80) == 0x80)
        {
        GPSR2 |= (0x1 << 26);
        }
        else
        {
        GPCR2 |= (0x1 << 26);
        }
        GPSR2 |= (0x1 << 27);
}
void write_byte(int data)
{
        int i;
        for(i = 0;i<8;i++)
        {
                write_bit(data << i);
        }
}
// --------------------------- READ --------------------
ssize_t SERIAL_LED_read (struct file * file,char * buf, size_t count, loff_t * f_ops)
{
        补充代码(2)
}
// --------------------------- WRITE --------------------
ssize_t SERIAL_LED_write (struct file * file,const char * buf, size_t count,
                    loff_t * f_ops)
{
    补充代码(3)
```

```
}
// ---------------------------- IOCTL --------------------
ssize_t SERIAL_LED_ioctl (struct inode * inode,struct file * file, unsigned int
                    cmd, long data)
{
        补充代码(4)
}
// ---------------------------- OPEN --------------------
ssize_t SERIAL_LED_open (struct inode * inode,struct file * file)
{
        补充代码(5)
}
// ---------------------- RELEASE/CLOSE ------------------
ssize_t SERIAL_LED_release (struct inode   * inode,struct file * file)
{
        补充代码(6)
}
// ------------------------------------------------------
struct file_operations SERIAL_LED_ops = {
        补充代码(7)
};
void gpio_init(void)
{
        printk("GPDR2 =  %x\n",GPDR2);
        GPDR2 = GPDR2 | (0x3<<26);
        printk("GPDR2 =  %x\n",GPDR2);
}
// ---------------------------- INIT --------------------
static int __init HW_SERIAL_LED_init(void)
{
        补充代码(8)
}
static int __init pxa270_SERIAL_LED_init(void)
{
        补充代码(9)
}
static void __exit cleanup_SERIAL_LED(void)
{
        补充代码(10)
}
```

补充代码(11)——调用初始化和退出程序

****

程序清单5.9

****

```c
# include <stdio.h>
# include <string.h>
# include <stdlib.h>
# include <fcntl.h>                    // open() close()
# include <unistd.h>                   // read() write()
#define DEVICE_NAME "/dev/serial_led"
//---------------------- main -------------------------
int main(void)
{
    int fd;
    int ret;
    int i, count;
    int buf[10] = { 0x3f,0x06,0x5b,0x4f,0x66,0x6d,0x7d,0x07,0x7f,0x6f};
               //  0    1    2    3    4    5    6    7    8    9
    int data[10];
    printf("\nstart serial_led driver test\n\n");
    fd = open(DEVICE_NAME, O_RDWR);
    printf("fd = % d\n",fd);
    if (fd == -1)
    {
        printf("open device % s error\n",DEVICE_NAME);
    }
    else
    {
        while(1)
        {
            for(count = 0;count<10;count ++ )
            {
                data[0] = buf[count];
                ret = write(fd,data,1);
                sleep(1);
            }
        }
    }
    ret = close(fd);
```

```
        printf ("ret = % d\n",ret);
        printf ("close serial_led driver test\n");
        return 0;
} // end main
```

****

实验 16　LED 点阵驱动程序设计

实验目的:编写一个针对总线操作的硬件驱动程序。

实验内容:编写一个针对硬件 LED 点阵的驱动程序。

实验设备:

① 一套 PXA270-EP 嵌入式实验箱。

② 安装 RedHat 9.0 且配置好 ARM Linux 开发环境的宿主 PC。

预备知识:熟悉 Linux 各组成部分的作用,熟悉 Linux 系统基本操作,熟练掌握 C 语言运用,熟悉 Linux 基本驱动编写的步骤及方法。

实验原理及说明:

1. 8×8 点阵数码管发光原理

从图 5-72 中可以看出,8×8 点阵由 64 个发光二极管组成,且每个发光二极管都放置在行线和列线的交叉点上,当对应的某一列电平置 1,某一行电平置 0,相应的二极管就会发光,对应的一列为一根竖柱,对应的一行为一根横柱,实现一根柱发光的方法如下所述。

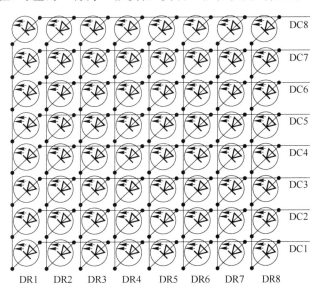

图 5-72

2. 系统电路

系统电路如图 5-73 所示。显示部分是一个 8×8 发光二极管点阵,常见的用于发布消息、显示汉字的点阵式 LED 显示屏通常由若干块 LED 点阵显示模块组成,对于 8×8 显示点阵模块,每块有 64 个独立的发光二极管,为了减少引脚且便于封装,各种 LED 显示点阵模块都采用阵列形式排布,即在行列线的交点处接有显示 LED。因此,LED 点阵显示模块的显示驱动只能采用动态驱动方式,每次最多只能点亮一行 LED(共阳极 LED 显示点阵模块)或一列 LED(共阴极 LED 显示点阵模块)。图 5-73 所示的显示驱动原理图中,点阵为共阴极,由总线锁存芯片 74573 为点阵显示模块提供列驱动电流,8 个行信号则由集电极开路门驱动器 7407 控制,行线和列线都挂在总线上,微处理器可以通过总线操作来完成对每一个 LED 点阵显示模块内每个 LED 显示点的亮、暗控制。

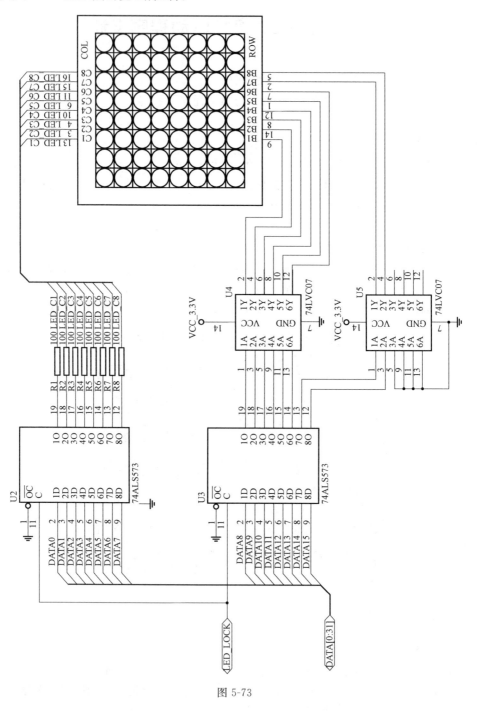

图 5-73

3. I/O 接口

在本开发板上,整个 LED 显示模块是作为一个 I/O 进行控制的。如图 5-73 所示,DATA[0..7] 和 DATA[8..15] 分别对应系统数据线的低 16 位,LED_LOCK 信号是由系统总线的写信号和地址信号经简单的逻辑组合而得,在板上的 CPLD 内完成,控制该显示模块的 I/O 地址为 0x08000000。

实验步骤:

本实验中编写驱动程序的目的是实现在 Linux 系统下控制 LED 点阵显示,由于 LED 的硬件比较简单,因此这个驱动程序也比较简单,可以在实验 15 的基础上稍加改进,实现对 LED 点阵的控制。

① 硬件连接:按照实验 1 的步骤,连接宿主 PC 和一台 PXA270-EP 目标板。

② 编写并编译驱动程序。在宿主 PC 端需编辑 3 个文件:驱动程序、编译驱动程序时使用的 Makefile、测试程序。在宿主 PC 端的终端窗口,输入以下 5 条命令:

① cp /pxa270_linux/Supply/LED_Array /home -arf

② cd /home/LED_Array

③ vi pxa270_led_ary_drv.c   /* 输入驱动程序清单 5.10,并将其补充完整 */

④ vi Makefile   /* 输入 Makefile 程序,见以下特别提示 */

⑤ make modules   /* 编译驱动程序 */

特别提示:本实验命令④输入编译驱动时使用的 Makefile 文件时,可以继续使用实验 12 的 Makefile 文件,但是必须进行如下修改(加粗部分):

TARGET = **pxa270_led_ary_drv.o**

modules:$(TARGET)

all:$(TARGET)

pxa270_led_ary_drv.o:pxa270_led_ary_drv.c

$(CC)-c $(CFLAGS) $^ -o $@

③ 编写并编译测试程序。在同一个终端窗口中,输入以下 2 条命令:

① vi simple_test_driver.c   /* 输入程序清单 5.11 */

② arm-linux-gcc -o test simple_test_driver.c   /* 编译测试程序 */

④ 在 PXA270-EP 目标板运行测试程序。在超级终端窗口,进入 PXA270-EP 目标板的界面后,输入以下 5 条命令:

① root   /* 以 root 身份登录 PXA270-EP 目标板 */

② mount -o soft,timeo = 100,rsize = 1024 192.168.0.100:/ /mnt

          /* 将宿主 PC 的根目录挂载到 PXA270-EP 目标板的 /mnt 目录下 */

③ cd /mnt/home/LED_Array

④ insmod pxa270_led_ary_drv.o   /* 加载驱动程序,如图 5-74 所示 */

⑤ ./test   /* 运行测试程序的目标程序 */

这个测试程序的功能是横向顺序扫描 LED 点阵数码管,可以看到数码管点阵有规律地闪烁,如图 5-75 所示。按"Ctrl+C"可退出 LED 点阵数码管循环显示。

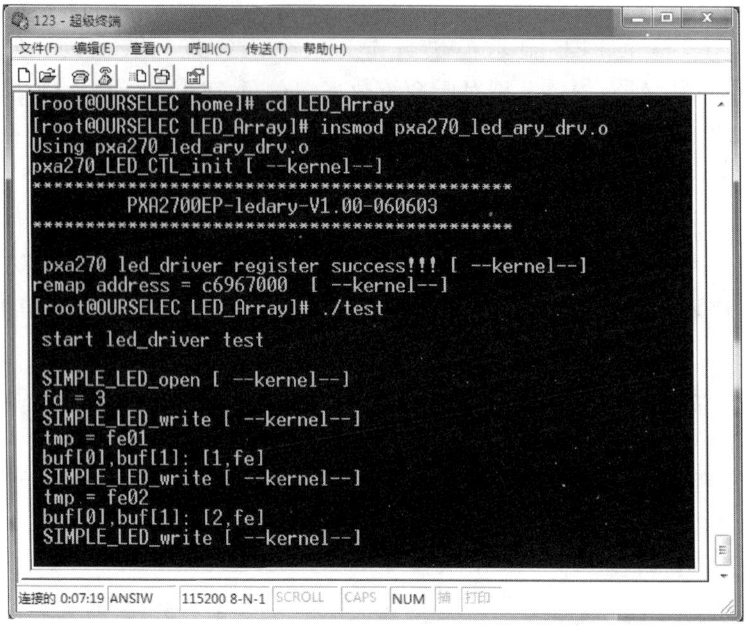

图 5-74

图 5-75

实验注意事项:在实验过程中,请实验者仔细阅读 ssize_t SIMPLE_LED_write(struct file * file,const char * buf,size_t count,loff_t * f_ops)这个函数。

实验作业:

本实验成功地驱动了 8×8 的点阵 LED,并通过编写测试程序,使其能够按照指定方式进行显示,在此基础上,设计编写程序实现以下功能:

① 实现横向隔行顺序扫描 LED 点阵数码管;

② 实现竖向顺序扫描 LED 点阵数码管。

实验参考程序:

程序清单 5.10

****

```
# include <linux/config.h>
# include <linux/kernel.h>
```

```
# include <linux/sched.h>
# include <linux/timer.h>
# include <linux/init.h>
# include <linux/module.h>
# include <asm/hardware.h>
# include <asm/io.h>


// LED DEVICE MAJOR
# define SIMPLE_LED_MAJOR 99
# define LED_DEBUG
# define VERSION            "PXA2700EP-ledary-V1.00-060603"


void showversion(void)
{
        补充代码(1)
}
static long ioremap_addr;
// --------------------- READ --------------------------
ssize_t SIMPLE_LED_read (struct file * file,char * buf, size_t count, loff_t * f_ops)
{
        补充代码(2)
}
// ------------------- WRITE ----------------------------
ssize_t SIMPLE_LED_write (struct file * file,const char * buf, size_t count,
                        loff_t * f_ops)
{
        int tmp_buf;
        # ifdef LED_DEBUG
                printk ("SIMPLE_LED_write [ -- kernel -- ]\n");
        # endif
        tmp_buf = buf[1];
        tmp_buf = tmp_buf<<8;
        tmp_buf = tmp_buf | buf[0];
        # ifdef LED_DEBUG
                printk("tmp = % x\n",tmp_buf);
        # endif
        outw(tmp_buf,ioremap_addr);
        return count;
}
// ---------------------- IOCTL --------------------------
```

```
ssize_t SIMPLE_LED_ioctl (struct inode * inode, struct file * file, unsigned int
                          cmd, long data)
{
        补充代码(3)
}
// ----------------------- OPEN -------------------------
ssize_t SIMPLE_LED_open (struct inode * inode, struct file * file)
{
        #ifdef LED_DEBUG
                printk ("SIMPLE_LED_open [ --kernel-- ]\n");
        #endif
        MOD_INC_USE_COUNT;
        return 0;
}
// ----------------- RELEASE/CLOSE ----------------------
ssize_t SIMPLE_LED_release (struct inode * inode, struct file * file)
{
        #ifdef LED_DEBUG
                printk ("SIMPLE_LED_release [ --kernel-- ]\n");
        #endif
        outw(0x0000, ioremap_addr);          // close the led ary, all led off
        MOD_DEC_USE_COUNT;
        return 0;
}
// -----------------------------------------------------
struct file_operations LED_ctl_ops = {
        补充代码(4)
};
// ----------------------- INIT -------------------------
static int __init HW_LED_CTL_init(void)
{
        int ret = -ENODEV;
        ret = devfs_register_chrdev(SIMPLE_LED_MAJOR, "led_ary_ctl", &LED_ctl_ops);
        showversion();
        if( ret < 0 )
        {
            printk ("pxa270: init_module failed with %d\n [--kernel--]", ret);
            return ret;
        }
        else
```

```
        {
                printk(" pxa270 led_driver register success!!! [ --kernel-- ]\n");
        }
        // ----------------------------------------------
        ioremap_addr = ioremap(0x0800c000,0x0f);
        outw(0x00ff,ioremap_addr);          // open led ary, all led on
        #ifdef LED_DEBUG
                printk("remap address = %x [ --kernel-- ]\n",ioremap_addr);
        #endif
        // ----------------------------------------------
        return ret;
}
static int __init pxa270_LED_CTL_init(void)
{
        补充代码(5)
}
static void __exit cleanup_LED_ctl(void)
{
        补充代码(6)
}
MODULE_DESCRIPTION("simple led driver module");
MODULE_LICENSE("GPL");
module_init(pxa270_LED_CTL_init);
module_exit(cleanup_LED_ctl);
```

****

程序清单 5.11

****

```
#include <stdio.h>
#include <string.h>
#include <stdlib.h>
#include <fcntl.h>                  // open() close()
#include <unistd.h>                 // read() write()
#define DEVICE_NAME "/dev/led_ary_ctl"
//------------------------- main ------------------------
int main(void)
{
        int fd;
        int ret;
```

```
        unsigned char buf[2];
        unsigned char c,r;
        int i,j;
        // begin of led ary
        c = 1;
        r = 1;
        printf("\nstart led_driver test\n\n");
        fd = open(DEVICE_NAME, O_RDWR);
        printf("fd = % d\n",fd);
        if (fd == -1)
        {
                printf("open device % s error\n",DEVICE_NAME);
        }
        else {
                for (i = 1;i < = 8;i + +) {
                        buf[0] = c;
                        buf[1] = ~r;                        // row
                        for (j = 1;j < = 8;j + +) {
                                write(fd,buf,2);
                                printf ("buf[0],buf[1]: [ % x,% x]\n",buf[0],
                                        buf[1]);
                                usleep(200000);            // sleep 0.2 second
                                c = c<<1;
                                buf[0] = c;                // column
                                }
                        c = 1;
                        r = r<<1;
                }
                // close
                ret = close(fd);
                printf ("ret = % d\n",ret);
                printf ("close led_driver test\n");
        }
                return 0;
} //end main
```

****

实验 17　A/D 驱动实验

实验目的：了解模数转换的基本原理，掌握模数转换的编程方法。

实验内容：通过编程对模拟量输入进行采集和转换，并将结果显示在超级终端上；改变模拟量输入，观察显示结果。

实验设备：

① 一套 PXA270-EP 嵌入式实验箱。

② 安装 RedHat 9.0 且配置好 ARM Linux 开发环境的宿主 PC。

预备知识：了解 A/D 采样的原理，了解采样频率的设置。

实验原理及说明：

1. A/D 转换的基本原理

（1）采样和量化

电流、电压、温度、压力、速度等电量和非电量都是模拟量。模拟量的大小是连续分布的，且通常是时间上的连续函数，因此要将模拟量转换成数字信号需经采样、量化、编码 3 个基本过程（数字化过程）。

- 采样。按采样定理对模拟信号进行等时间间隔采样，用得到的一系列时域上的样值代替 $u = f(t)$，即用 $u_0, u_1, \cdots, u_n$ 代替 $u = f(t)$，这些样值在时间上是离散的值，但在幅度上仍是连续的模拟量。

- 量化。在幅值上采用离散值来表示，即用一个量化因子 Q 度量 $u_1, u_2, \cdots, u_n$，得到取整后的数字量，例如，$u_0 = 2.4Q \rightarrow 2Q, u_1 = 4.0Q \rightarrow 4Q, u_2 = 5.2Q \rightarrow 5Q, u_3 = 5.8Q \rightarrow 5Q$。

- 编码。编码仅是对数字量的一种处理方法，将量化后的数字量进行编码，以便读入和识别。例如，$Q = 0.5$ V/格，设用三位二进制编码表示数字量，则 $u_0 = 2.4Q \rightarrow 2Q \rightarrow$ (010)$u_0 = (0 \times 2^2 + 1 \times 2^1 + 0 \times 2^0) \times 0.5$ V $= 1$ V

（2）分类

按被转换的模拟量类型，A/D 转换可分为时间/数字、电压/数字、机械变量/数字等，应用最多的是电压/数字转换器。电压/数字转换器又可分为多种类型：

- 按转换方式可分为直接转换、间接转换；

- 按输出方式可分为并行、串行、串并行；

- 按转换原理可分为计数式、比较式；

- 按转换速度可分为低速、中速、高速；

- 按转换精度和分辨率可分为 3 位、4 位、8 位、10 位、12 位、14 位、16 位等。

（3）工作原理

类似于用天平称物体重量，设有一待测物为 4.42 g，满度测量量程 $R_{NFS} = 5.12$ g，砝码种类有 4 种：$0.5R_{NFS}, 0.25 R_{NFS}, 0.125 R_{NFS}, 0.0625R_{NFS}$。

测量方法：先放大砝码，后放小砝码，累计比较，要的记"1"，不要的记"0"。

实测物重 $G = 1 \times 0.5R_{NFS} + 1 \times 0.25R_{NFS} + 0 \times 0.125R_{NFS} + 1 \times 0.0625R_{NFS}$，过程如下所示。

- 第一次：2.56 g < 4.42 g（留）；

- 第二次：$2.56 + 1.28 = 3.84$ g < 4.42 g（留）；

- 第三次:3.84+0.64=4.44 g>4.42 g(去);
- 第四次:3.84+0.32=4.16 g<4.42 g(留)。

误差=|4.16−4.42|=|0.26 |g<0.32 g,即误差<最小砝码(最小分辨砝码)。

2. 与 UCB1x00 的 A/D 转换有关的寄存器

与 UCB1x00 的 A/D 转换有关的寄存器如图 5-76,图 5-77 和图 5-78 所示。

ADC Control register（index 0x66）

Table 44：ADC Control register

Register address:0x66;default:0000

Bit	D15	D14	D13	D12	D11	D10	D9	D8
Symbol	AE	×	×	×	×	×	×	×
Bit	D7	D6	D5	D4	D3	D2	D1	D0
Symbol	AS	×	EXVEN	AI2	AI1	AI0	VREFB	ASE

图 5-76

Table 45：Description of ADC Control register bits

Bit	Symbol	Type	Description
D15	AE	RW	If '1' ADC is activated. If '0', ADC is powered-down.
D14 - D8	×	R	Reserved.
D7	AS	RW	Writing '1' starts the ADC conversion sequence. This bit self-clears.
D6	×	R	Reserved.
D5	EXVEN	R/W	Must be set to '0' (other values reserved for testing purposes only).
D4 – D2	AI2 – AI0	RW	ADC input selection: 000 = TSPX 001 = TSMX 010 = TSPY 011 = TSMY 100 = AD0 101 = AD1 110 = AD2 111 = AD3
D1	VREFB	R/W	VREF bypass. If '1', the internal reference voltage is connected to VREFBYP pin.
D0	ASE	RW	If '1' ADC is armed by the AS bit and started by a rising edge on the ADCsync pin. If '0', ADC is started by the AS bit.

图 5-77

ADC Data register（index 0x68）

Table 46：ADC Data register

Register address:0x68;default:0000

Bit	D15	D14	D13	D12	D11	D10	D9	D8
Symbol	ADV	×	×	×	×	×	AD9	AD8
Bit	D7	D6	D5	D4	D3	D2	D1	D0
Symbol	AD7	AD6	AD5	AD4	AD3	AD2	AD1	AD0

Table 47:   Description of ADC Data register bits

Bit	Symbol	Type	Description
D15	ADV	R	'0' if ADC conversion is in peoqress. '1' if the ADC conversion is completed and the ADC data is stored in AD9-AD0.
D14- D10	×	R	Reserved.
D9-D0	AD9 - AD0	R	ADC data. This bit self-clears.

图 5-78

实验步骤：

事实上，Linux 2.4 的内核代码中，已经提供了一些对 A/D 转换器进行控制的函数，实验者可以直接调用这些函数来对 A/D 转换器进行操作（详细的代码部分可以参照内核里的 sound/oss/ucb1x00core. c 文件）。

- void ucb1x00_adc_enable(struct ucb1x00 * ucb)，这个函数的作用是使能 A/D 转换。
- void ucb1x00_adc_disable(struct ucb1x00 * ucb)，这个函数的作用是停止 A/D 转换。
- unsigned int ucb1x00_adc_read(struct ucb1x00 * ucb, int adc_channel, int sync)，这个函数的作用是读取 A/D 转换后的数据，其中 adc_channel 参数是选择通道。在 PXA270-EP 实验箱上，电位器对应通道 0，温度传感器对应通道 1，D/A 的输出对应通道 2。

① 硬件连接：按照实验 1 的步骤，连接宿主 PC 和一台 PXA270-EP 目标板。

② 编写并编译驱动程序。在宿主 PC 端需编辑 3 个文件：驱动程序、编译驱动程序时使用的 Makefile、测试程序。在宿主 PC 端的终端窗口，输入以下 5 条命令：

① cp /pxa270_linux/Supply/AD/home -arf

② cd/home /AD

③ vi pxa_ad_drv.c　　　　　　　　/ * 输入驱动程序清单 5.12，并将其补充完整 * /

④ vi Makefile　　　　　　　　　　/ * 输入 Makefile 程序，见以下特别提示 * /

⑤ make modules　　　　　　　　　/ * 编译该模块驱动程序 * /

特别提示：本实验命令④输入编译驱动时使用的 Makefile 文件时，可以继续使用实验 12 的 Makefile 文件，但是必须进行如下修改（加粗部分）：

TARGET = **pxa_ad_drv. o**

modules：$（TARGET）

all：$（TARGET）

pxa_ad_drv. o：pxa_ad_drv. c

$（CC）-c　$（CFLAGS）$ ^　-o $ @

③ 编写并编译测试程序。在同一个终端窗口中，输入以下 2 条命令：

① vi ad_test_driver.c　　　　　　　　　　　/ * 输入程序清单 5.13 * /

② arm-linux-gcc -o test ad_test_driver.c　　　/ * 编译测试程序 * /

④ 在 PXA270-EP 目标板运行测试程序。在超级终端窗口，进入 PXA270-EP 目标板的界面后，输入以下 5 条命令：

① root

② mount -o soft, timeo = 100, rsize = 1024 192.168.0.100:/ /mnt

③ cd /mnt/home/ AD

④ insmod pxa_ad_drv.o　　　　　　/ * 加载驱动程序，如图 5-79 所示 * /

⑤ ./test　　　　　　　　　　　　/ * 运行测试程序的目标程序，如图 5-79 所示 * /

在把驱动程序 pxa_ad_drv. o 加载到内核中后，运行测试程序，转动电位器的旋钮（如图 5-80 所示），可以看到数值的变化。按"Ctrl＋C"退出测试程序。

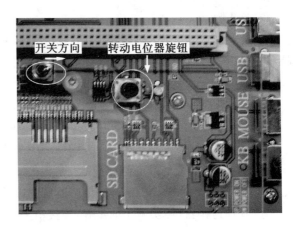

图 5-79   图 5-80

实验注意事项:在编写本实验的驱动程序过程中,可以直接调用以下内核提供的 A/D 转换器控制函数。

- void ucb1x00_adc_enable(struct ucb1x00 * ucb);
- void ucb1x00_adc_read(struct ucb1x00 * ucb, int adc_channel, int sync);
- unsigned int ucb1x00_adc_disable(struct ucb1x00 * ucb)。

实验作业:本实验成功地驱动了 A/D 转换器,并通过设计编写应用程序,使其能够将模拟信号量按照要求转换成数字信号量,为了更清楚地理解 A/D 转换器的工作过程,试设计编写一个应用程序,将 UCB_ADC_INP_AD0 通道换成 UCB_ADC_INP_AD1 通道,观察 A/D 通道情况。

实验参考程序:

程序清单 5.12

```
******************************************************************
# include "pxa_ad_drv.h"
# define ADCTL_MAJOR          102
// # define HELLO_DEBUG
# define VERSION             "PXA270EP-ad-V1.00-060607"
devfs_handle_t  adctl_dev_handle;   /* register handle to store device fs */
void showversion(void)
{
        补充代码(1)
}
struct ucb1x00 * ad_ucb;
// ----------------------- READ -----------------------
static ssize_t adctl_read (struct file * file,char * buf, size_t count, loff_t
                        * offset)
{
        补充代码(2)
}
```

```
// --------------------- WRITE ---------------------
ssize_t adctl_write (struct file * file,const char   * buf, size_t count, loff_t
                   * offset)
{
        补充代码(3)
}
// --------------------- IOCTL ---------------------
ssize_t adctl_ioctl (struct inode * inode,struct file * file, unsigned int cmd,
                   unsigned long arg)
{
        int val;
        #ifdef HELLO_DEBUG
                printk ("SIMPLE_HELLO_ioctl [ --kernel--]\n");
        #endif
        ucb1x00_adc_enable(ad_ucb);
        val = ucb1x00_adc_read(ad_ucb,cmd,0);
        ucb1x00_adc_disable(ad_ucb);
        return UCB_ADC_DAT(val);
}
// --------------------- OPEN ---------------------
ssize_t adctl_open (struct inode * inode, struct file * file)
{
        补充代码(4)
}
// ------------------- RELEASE/CLOSE -----------------------
adctl_release (struct inode * inode, struct file * file)
{
        补充代码(5)
}
static struct file_operations adctl_ops = {
        补充代码(6)
};
// --------------------- INIT ---------------------
static int __init HW_AD_CTL_init(void)
{
        补充代码(7)
}
static int __init pxa270_AD_CTL_init(void)
```

```
    {
            补充代码(8)
    }
    static void __exit cleanup_AD_ctl(void)
    {
            补充代码(9)
    }
    MODULE_DESCRIPTION("adctl driver module");
    MODULE_LICENSE("GPL");
    module_init(pxa270_AD_CTL_init);
    module_exit(cleanup_AD_ctl);
```

* *

程序清单 5.13

* *

```
#include <stdio.h>
#include <string.h>
#include <stdlib.h>
#include <fcntl.h>          // open() close()
#include <unistd.h>         // read() write()
#define DEVICE_NAME "/dev/ad_ctl"
#define UCB_ADC_INP_AD0          (4 << 2)
#define UCB_ADC_INP_AD1          (5 << 2)
#define UCB_ADC_INP_AD2          (6 << 2)
#define UCB_ADC_INP_AD3          (7 << 2)
// --------------------- main ---------------------------
int main(void)
{
        int fd;
        int ret;
        int val0,val1;
        char * i;
        printf("\nstart ad_ctl test\n\n");
        fd = open(DEVICE_NAME, O_RDWR);
        printf("fd = %d\n",fd);
        if (fd == -1)
        {
                printf("open device %s error\n",DEVICE_NAME);
        }
        else
```

```
        {
        ioctl(fd);
        for(i = 0;i<50;i++)
                {
                        val0 = ioctl(fd,UCB_ADC_INP_AD0,0);
                        usleep(100);
                        val1 = ioctl(fd,UCB_ADC_INP_AD1,0);
                        printf("val0 = %d\tval1 = %d\n", val0,val1);
                        usleep(500000);
                }
        ret = close(fd);
        printf ("close hello_driver test\n");
        }
        return 0;
}    // end main
```

****

实验 18　D/A 驱动实验

实验目的:了解数模转换的基本原理,掌握数模转换的编程方法。

实验内容:利用 D/A 转换器编程实现波形,在液晶屏上观察经过 D/A 转换后的波形。

实验设备:

① 一套 PXA270-EP 嵌入式实验箱。

② 一台示波器。

③ 安装 RedHat 9.0 且配置好 ARM Linux 开发环境的宿主 PC。

预备知识:了解 D/A 转换的原理,了解采样频率的设置。

实验原理及说明:

1. D/A 转换的基本原理

D/A 转换器是把数字量转换成电模拟量,即把二进制数字量转换为与其数值成正比的电模拟量。

(1) D/A 转换器的性能指标

① 分辨率:D/A 转换器能转换的二进制数字量的位数。位数越多,分辨率越高。例如,转换 8 位,若电压满量程为 5 V,则能分辨的最小电压为 5 V/256≈20 mV;转换 10 位,若电压满量程为 5 V,则能分辨的最小电压为 5 V/1 024≈5 mV。

② 转换时间:数字量从输入到转换输出稳定为止所需的时间。

③ 精度:D/A 转换器实际输出与理论值之间的误差。一般采用数字量的最低有效位作为衡量单位。例如,±1/2LSB,若是 8 位转换,则精度是 ±(1/2)×(1/256)满度 = ±1/512 满度。

④ 线性度:当数字量变化时,D/A 转换器输出的电模拟量按比例关系变化的程度。模拟量输出偏离理想输出的最大值称为线性误差。

除上述指标外,D/A 转换器的性能指标还包括转换精度,温漂系数。

(2) D/A 转换器的内部结构

不同 D/A 转换器的内部电路构成无太大差异,一般按输出是电流还是电压,能否进行乘法运算等分类。大多数 D/A 转换器由电阻阵列和 n 个电流开关(或电压开关)构成,按数字输入值切换开关,产生与输入成比例的电流(或电压)。

(3) D/A 的类型

① 电压输出型(如 TLC5620)

电压输出型 D/A 转换器中虽存在直接从电阻阵列输出电压的类型,但一般采用内置输出放大器以低阻抗输出。直接输出电压的器件仅用于高阻抗负载,由于不存在输出放大器部分的延迟,故常作为高度 D/A 转换器使用。

② 电流输出型(如 THS5661A)

电流输出型 D/A 转换器很少直接使用电流输出,大多由外接电流－电压转换电路得到电压后输出,后者有两种方法:一是通过在输出引脚上接负载电阻进行电流－电压转换,二是通过外接运算放大器。用负载电阻进行电流－电压转换时,虽然可以在电流输出引脚上出现电压,但必须在规定的输出电压范围内使用,而且由于输出阻抗高,一般外接运算放大器使用。此外,大部分 CMOS D/A 转换器输出电压不为零时不能正确动作,所以必须外接运算放大器。当外接运算放大器进行电流电压转换时,电路构成基本上与内置运算放大器的电压输出型相同,这时由于在 D/A 转换器的电流建立时间上加入了运算放大器的延迟,会使响应变慢。此外,这种电路中运算放大器因输出引脚的内部电容起振,有时必须进行相位补偿。

2. 实验电路图

实验电路图如图 5-81 所示。

实验步骤:

① 硬件连接:按照实验 1 的步骤,连接宿主 PC 和一台 PXA270-EP 目标板。

② 编写并编译驱动程序。在宿主 PC 端需编辑 3 个文件:驱动程序、编译驱动程序时使用的 Makefile、测试程序。在宿主 PC 端打开的终端窗口,输入以下 5 条命令:

① `cp /pxa270_linux/Supply/DA /home -arf`

② `cd /home/DA`

③ `vi pxa270_da_drv.c`　　　　　／＊输入驱动程序清单 5.14,并将其补充完整＊／

④ `vi Makefile`　　　　　　　　／＊输入 Makefile 程序,见以下特别提示＊／

⑤ `make modules`　　　　　　　／＊编译驱动程序＊／

特别提示:本实验命令④输入编译驱动时使用的 Makefile 文件时,可以继续使用实验 12 的 Makefile 文件,但是必须进行如下修改(加粗部分):

TARGET = **pxa270_da_drv.o**

modules: $(TARGET)

all: $(TARGET)

pxa270_da_drv.o: pxa270_da_drv.c

$(CC)-c　$(CFLAGS) $^　-o $@

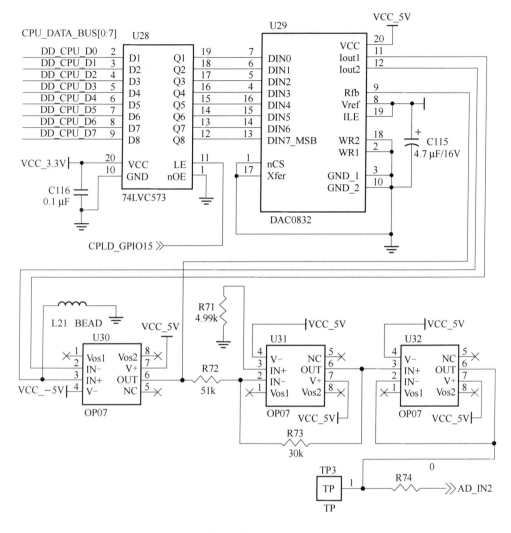

图 5-81

③ 编写并编译测试程序。在同一个终端窗口中,输入以下 2 条命令:

① `vi simple_test_driver.c`　　　　　　　　　/* 输入测试程序清单 5.15 */

② `arm-linux-gcc -o test simple_test_driver.c -lm -g`　　/* 编译测试程序 */

④ 连接好示波器,并上电。

⑤ 在 PXA270-EP 目标板运行测试程序。在超级终端窗口的 PXA270-EP 目标板界面,输入以下 6 条命令:

① `root`

② `mount -o soft, timeo = 100, rsize = 1024 192.168.0.100: / /mnt`

③ `cd /mnt/home/ DA`

④ `insmod pxa270_da_drv.o`　　　　　　/* 加载驱动程序,如图 5-82 所示 */

⑤ `./test`　　　　　　　　　　/* 运行测试程序的目标程序,如图 5-82 所示 */

⑥ `〉1`　　　　　　　　　　　/* 在示波器上显示正弦波 */

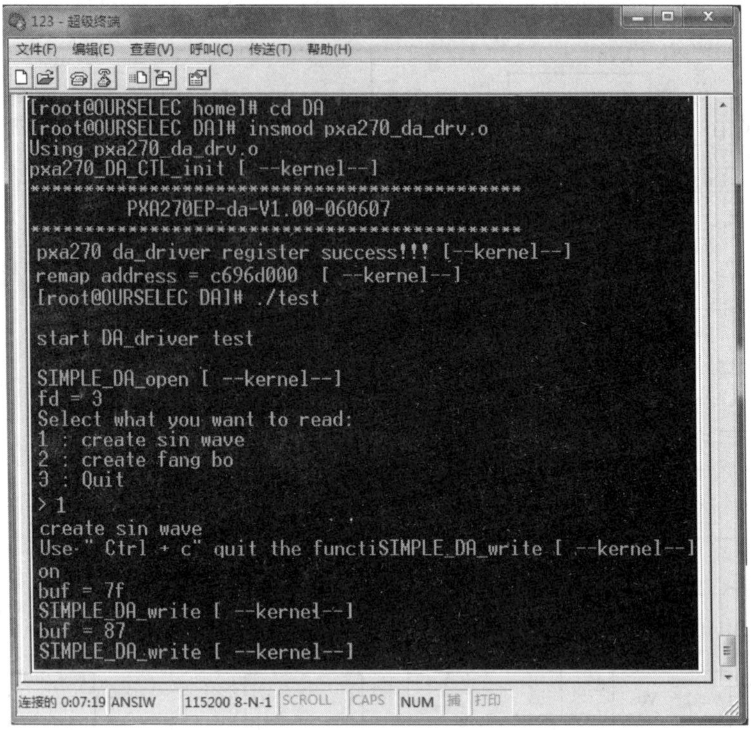

图 5-82

将示波器接地端的夹子夹在键盘左下角的小螺丝上,再将示波器的探针接触 DA-OUT 输出端点,观察示波器屏幕上显示的波形(D/A 信号输出点在 PXA270-EP 目标板键盘的左下角处)。

在把驱动程序 pxa270_da_drv.o 加载到内核中后,提示选择要显示的正弦波或者方波,在示波器的屏幕上可以看到经过 D/A 转换后的波形。按"Ctrl+C"可退出。

实验注意事项:在实验过程中,要注意对示波器的正确使用。

实验作业:本实验使用示波器观察到了通过 D/A 转换输出的波形,在此基础上,试设计编写一个实现输出三角波的程序。

实验参考程序:

程序清单 5.14

****

补充代码(1)—头文件

```
// DA DEVICE MAJOR
#define SIMPLE_DA_MAJOR 100
#define DA_DEBUG
#define VERSION          "PXA270EP-da-V1.00-060607"
void showversion(void)
{
        补充代码(2)
}
```

```
static long ioremap_addr;
// ---------------------- READ ----------------------------
    ssize_t SIMPLE_DA_read (struct file * file, char * buf, size_t count, loff_t * f_ops)
    {
            补充代码(3)
    }
// ---------------------- WRITE ---------------------------
    ssize_t SIMPLE_DA_write(struct file * file, const char * buf, size_t count,
                        loff_t * f_ops)
    {
            补充代码(4)
    }
// ---------------------- IOCTL ---------------------------
    ssize_t SIMPLE_DA_ioctl (struct inode * inode, struct file * file, unsigned int
                        cmd, long data)
    {
            补充代码(5)
    }
// ---------------------- OPEN ----------------------------
    ssize_t SIMPLE_DA_open (struct inode * inode, struct file * file)
    {
            补充代码(6)
    }
// -------------------- RELEASE/CLOSE ---------------------
    ssize_t SIMPLE_DA_release (struct inode * inode, struct file * file)
    {
            #ifdef DA_DEBUG
                printk ("SIMPLE_DA_release [ -- kernel -- ]\n");
            #endif
            outb(0x00, ioremap_addr);                    // DA output min value
            MOD_DEC_USE_COUNT;
            return 0;
    }
// --------------------------------------------------------
    struct file_operations DA_ctl_ops = {
            补充代码(7)
    };
// ---------------------- INIT ----------------------------
    static int __init HW_DA_CTL_init(void)
    {
```

补充代码(8)

```
ioremap_addr = ioremap(0x08014000,0x0f);    // da address: 0x08808004
outb(0xff,ioremap_addr);                    // DA output max value
#ifdef DA_DEBUG
        printk("remap address = %x [--kernel--]\n",ioremap_addr);
#endif
return ret;
}
static int __init pxa270_DA_CTL_init(void)
{
        补充代码(9)
}
static void __exit cleanup_DA_ctl(void)
{
        补充代码(10)
}
```

补充代码(11)——初始化和注销设备

****

程序清单 5.15

****

```
#include <stdio.h>
#include <string.h>
#include <stdlib.h>
#include <fcntl.h>                  // open() close()
#include <unistd.h>                 // read() write()
#include <math.h>
#define DEVICE_NAME "/dev/da_ctl"
#define FUNC_RUN            11
#define FUNC_NOT_RUN        22
#define DA_SIN             1
#define DA_FANG            2
#define FUNC_QUIT          3
#define POINT    50.0
#define DEBUG
//------------------------- print -------------------------
void print_prompt(void)
{
        printf("Select what you want to read:\n");
        printf("1 : create sin wave\n");
```

```
                printf ("2 : create fang bo\n");
                printf ("3 : Quit\n");
                printf ("> ");
}// end print_prompt
void da_create_sin(int fd)
{
        unsigned char buf[(int)POINT];
        unsigned char * c;
        unsigned long i;
        int j;
        double x;
        for (j = 0;j<POINT;j ++ ) {
                x = sin((j/POINT) * (2 * M_PI));
                # ifdef DEBUG
                    printf(" % f\t",x);
                # endif
                buf[j] = (unsigned char)255 * (x/2 + 1)/2;
                # ifdef DEBUG
                    printf(" % x\n",buf[j]);
                # endif
        }
        printf (" create sin wave\n");
        printf (" Use \" Ctrl + c\" quit the function\n");
        while (1) {
                c = buf;
                for (j = 0;j<POINT;j ++ ) {
                        write(fd,c,1);
                        c ++ ;
                        usleep(1);
                }
        }
} // end da_create_sin
void da_create_fang(int fd)
{
        unsigned char buf[1];
        printf (" create fang bo\n");
        printf (" Use \" Ctrl + c\" quit the function\n");
        while(1) {
                * buf = 0xfe;
                write(fd,buf,1);
```

```
                    usleep(100000);
                     * buf = 0x0;
                    write(fd,buf,1);
                    usleep(100000);
            }    // use Ctrl + c quit the function
        }   // end da_create_fang
// ------------------------ da function --------------------
    void da_func(int fd)
    {
        int flag_func_run;
        int flag_select_func;
        ssize_t ret;
        flag_func_run = FUNC_RUN;
        while (flag_func_run == FUNC_RUN)
        {
            print_prompt();                      // print select functions
            scanf(" % d",&flag_select_func);     // user input select
            getchar();                           // get ENTER <LF>
            switch(flag_select_func)
            {
                case DA_SIN    : {da_create_sin(fd);break; }
                case DA_FANG   : {da_create_fang(fd);break; }
                case FUNC_QUIT :
                    {
                        flag_func_run = FUNC_NOT_RUN;
                        printf("Quit DA function.  byebye\n");
                        break;
                    }
                default :
                {
                    printf ("input = % x\n",flag_select_func);
                    printf ("statys = % x\n",flag_func_run);
                    printf(" -- please input your select use 1 to 3 -- \n");
                }
            }
        }
    }// end da_func
// --------------------- main ---------------------------
    int main(void)
    {
```

```
    int fd, ret;
    // begin of DA test
    printf("\nstart DA_driver test\n\n");
    fd = open(DEVICE_NAME, O_RDWR);
    printf("fd = %d\n",fd);
    if (fd == -1) {
        printf("open device %s error\n",DEVICE_NAME);
    }
    else {
        da_func(fd);
        // close
        ret = close(fd);
        printf ("ret = %d\n",ret);
        printf ("close da_driver test\n");
    }
    return 0;
}// end main
```

****

实验 19　键盘驱动实验

实验目的:了解矩阵键盘的工作原理。

实验内容:矩阵键盘驱动的编写。

预备知识:熟悉开发嵌入式系统基本程序,了解交叉编译等基本概念。

实验设备:

① 一套 PXA270-EP 嵌入式实验箱。

② 安装 RedHat 9.0 且配置好 ARM Linux 开发环境的宿主 PC。

实验原理:

键盘的结构通常有两种形式:线性键盘和矩阵键盘。在不同的场合下,这两种键盘均有广泛的应用。

线性键盘由若干个独立的按键组成,每个按键的一端与计算机的一个 I/O 口相连,有多少个按键就需要有多少根连线与计算机的 I/O 口相连,因此,线性键盘只适用于按键少的场合。

矩阵键盘的按键按 N 行 M 列排列,每个按键占据行和列的一个交点,需要的 I/O 口数目为 $N+M$,容许的最大按键数为 NM。显然,矩阵键盘可以减少与计算机接口的连线数、简化结构,是计算机常用的键盘结构。根据识键和译键方法的不同,矩阵键盘又可以分为非编码键盘和编码键盘两种。

1. 非编码键盘

非编码键盘主要利用软件的方法识键和译键。根据扫描方法的不同,可以分为行扫描法、列扫描法和反转法三种。

2. 编码键盘

编码键盘主要利用硬件实现键的扫描和识别,通常使用 8279 专用接口芯片,在硬件上要求较高。PXA270-EP 采用的是 4×6 的矩阵键盘,其原理图如图 5-83 所示。键盘扫描程序的流程如图 5-84 所示。

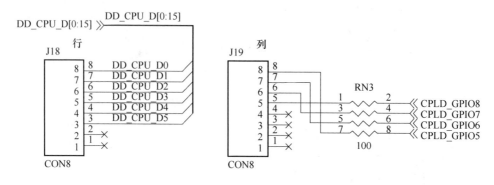

图 5-83

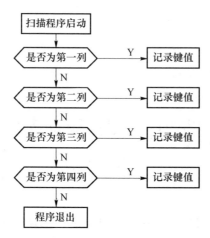

图 5-84

图 5-85 所示为键盘的真实布线图,图 5-86 所示只是将线拉直,以便实验者更好地理解程序扫描代表的含义。若要使程序确定按下的键是哪个,需要在扫描键盘的四列四行后,通过扫描所得数据来判断。

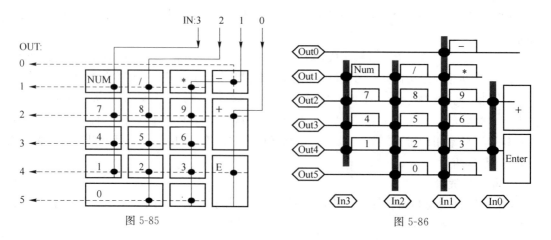

图 5-85   图 5-86

程序的扫描顺序依次是第 0 列,第 1 列,第 2 列,第 3 列。在扫描第 0 列的过程中,依次扫描第 0 行,第 1 行,第 2 行,第 3 行,第 4 行,第 5 行。若在扫描完第 0 列后,没有扫描到任何键按下,则再扫描第 1 列,扫描顺序依次为第 0 行,第 1 行,第 2 行,第 3 行,第 4 行,第 5 行,依次类推。在扫描过程中,若符合某种条件,则会停止后续列的扫描操作,退出程序,下面将详细说明。

根据表 5-2,假定现在按下数字 9 键,则此时对应的 In1 位为 0,且 Out2 位为 0。若按下数字 2 键,则此时对应的 In2 位为 0,且 Out4 位为 0。其他按键的结果以相同的方法判断。

表 5-2

	In3	In2	In1	In0
Out0			—	
Out1	Num	/	*	
Out2	7	8	9	+
Out3	4	5	6	
Out4	1	2	3	Enter
Out5		0	.	

In3,In2,In1,In0 的值是通过函数 outbyte＝outb(outbyte,ioremap_addr)来指定。Out5,Out4,Out3,Out2,Out1,Out0 的值是通过函数 inbyte＝inb(ioremap_addr)来获取。

例如,outbyte＝0xfe,则

$$\begin{array}{cccc|cccc} \circ & \circ & \circ & \circ & In3 & In2 & In1 & In0 \\ 1 & 1 & 1 & 1 & 1 & 1 & 1 & 0 \end{array}$$

此时,若 inbyte＝0xef,则

$$\begin{array}{cc|cccccc} \circ & \circ & Out5 & Out4 & Out3 & Out2 & Out1 & Out0 \\ 1 & 1 & 1 & 0 & 1 & 1 & 1 & 1 \end{array}$$

显然,In0 = 0,Out4 = 0,由表 5-2 可知,此时是 Enter 键被按下。

实验步骤:

① 硬件连接:按照实验 1 的步骤,连接宿主 PC 和一台 PXA270-EP 目标板。

② 编写并编译驱动程序。在宿主 PC 端需编辑 3 个文件:驱动程序、编译驱动程序时使用的 Makefile、测试程序。在宿主 PC 端,打开终端窗口,输入以下 5 条命令:

① cp /pxa270_linux/Supply/KeyBoard /home -arf

② cd /home/KeyBoard

③ vi pxa270_keyboard_drv.c　　　/* 输入驱动程序清单 5.16,并将其补充完整 */

④ vi Makefile　　　　　　　　　　/* 输入 Makefile 程序,见以下特别提示 */

⑤ make modules　　　　　　　　　/* 编译驱动程序 */

特别提示:本实验命令④输入编译驱动时使用的 Makefile 文件时,可以继续使用实验 12 的 Makefile 文件,但是必须进行如下修改(加粗部分):

TARGET = **pxa270_keyboard_drv.o**

modules：$(TARGET)

all：$(TARGET)

pxa270_keyboard_drv.o：pxa270_keyboard_drv.c

```
$(CC)-c   $(CFLAGS) $^   -o $@
```

③ 编写并编译测试程序。在同一个终端窗口中,输入以下 2 条命令:

① vi simple_test_driver.c   /* 输入测试程序清单 5.17 */

② arm-linux-gcc -o test simple_test_driver.c   /* 编译测试程序 */

④ 在 PXA270-EP 目标板运行测试程序。在超级终端窗口的 PXA270-EP 目标板界面,输入以下 5 条命令:

① root

② mount -o soft, timeo = 100, rsize = 1024 192.168.0.100:/ /mnt

③ cd /mnt/home/KeyBoard

④ insmod pxa270_keyboard_drv.o   /* 加载驱动程序 */

⑤ ./test   /* 运行测试程序的目标程序 */

在把驱动程序 pxa270_da_drv.o 加载到内核中后,按 PXA270-EP 目标板上的键盘,超级终端上将出现打印信息,显示按键的键值,即显示出哪些键被按下,如图 5-87 所示。按 "Ctrl+C" 可退出。

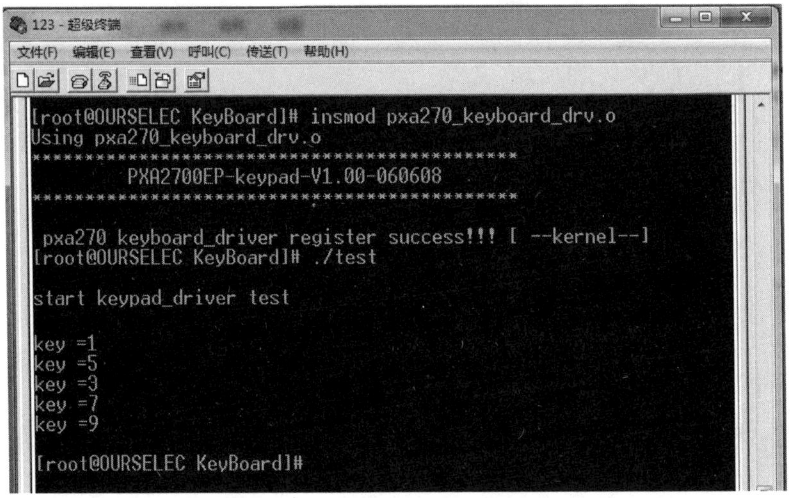

图 5-87

实验注意事项:仔细阅读实验原理及说明中描述的键盘扫描过程,在完全理解实验原理之后,再去完成相应的驱动程序。

实验作业:基于键盘、数码管显示,综合设计实现键盘加减乘除运算,并在数码管上显示键入的数字和计算结果,在终端显示键入内容和计算结果。

实验参考程序:

程序清单 5.16

****

补充代码(1)——头文件

```
#define SIMPLE_KEYBOARD_MAJOR 104
#define KEYBOARD_DEBUG
#define MY_KEY_NUM    0x11
#define MY_KEY_ENT    0x12
#define MY_KEY_ADD    0x13
```

```
#define MY_KEY_SUB        0x14
#define MY_KEY_MUL        0x15
#define MY_KEY_DIV        0x16
#define MY_KEY_DOT        0x17
#define MY_KEY_NO0        0x00
#define MY_KEY_NO1        0x01
#define MY_KEY_NO2        0x02
#define MY_KEY_NO3        0x03
#define MY_KEY_NO4        0x04
#define MY_KEY_NO5        0x05
#define MY_KEY_NO6        0x06
#define MY_KEY_NO7        0x07
#define MY_KEY_NO8        0x08
#define MY_KEY_NO9        0x09
#define VERSION                "PXA2700EP-keypad-V1.00-060608"


void showversion(void)
{
        补充代码(2)
}
static long ioremap_addr;
//------------------------- READ ---------------------------
ssize_t SIMPLE_KEYBOARD_read (struct file * file,char * buf, size_t count,
                        loff_t * f_ops)
{
        int scan_finish_flag;
        unsigned char outbyte,inbyte;
        unsigned char ret_byte;
        int i;
        #ifdef KEYBOARD_DEBUG
                printk ("SIMPLE_KEYBOARD_read [ --kernel-- ]\n");
        #endif

        //scan the key board : out put : 0xfe 0xfd 0xfb 0xf7
        //                     in  put : 0xfe 0xfd 0xfb 0xf7 0xef 0xdf
        scan_finish_flag = 0;
        outbyte = 0xfe;                    // scan first column
        outb(outbyte,ioremap_addr);
        udelay(120);
        for (i = 0;i<1000;i++);
```

```
//-----------------------------------------------------------
            inbyte = inb(ioremap_addr);
            # ifdef KEYBOARD_DEBUG
                printk("[1] outbyte = % x\tinbyte = % x\n",outbyte,inbyte);
            # endif
            inbyte = inb(ioremap_addr);
            # ifdef KEYBOARD_DEBUG
                printk("[1] outbyte = % x\tinbyte = % x\n",outbyte,inbyte);
            # endif
//-----------------------------------------------------------
        switch (inbyte) {
                case 0xfb : { ret_byte = MY_KEY_ADD; break; }        // scan +
                case 0xef : { ret_byte = MY_KEY_ENT; break; }        // scan enter
                default : {scan_finish_flag = 1;}
        }
        if (scan_finish_flag != 1) goto scan_return;
        outbyte = 0xfd;                                      // scan second colum
        outb(outbyte,ioremap_addr);
        udelay(120);
        for (i = 0;i<1000;i ++ );
//-----------------------------------------------------------
        inbyte = inb(ioremap_addr);
        # ifdef KEYBOARD_DEBUG
            printk("[2]outbyte = % x\tinbyte = % x\n",outbyte,inbyte);
        # endif
        inbyte = inb(ioremap_addr);
        # ifdef KEYBOARD_DEBUG
            printk("[2]outbyte = % x\tinbyte = % x\n",outbyte,inbyte);
        # endif
//-----------------------------------------------------------
        switch (inbyte) {
                case 0xfe : { ret_byte = MY_KEY_SUB; break; }     //scan -
                case 0xfd : { ret_byte = MY_KEY_MUL; break; }     // scan *
                case 0xfb : { ret_byte = MY_KEY_NO9; break; }     // scan 9
                case 0xf7 : { ret_byte = MY_KEY_NO6; break; }     // scan 6
                case 0xef : { ret_byte = MY_KEY_NO3; break; }     // scan 3
                case 0xdf : { ret_byte = MY_KEY_DOT; break; }     // scan .
                default : {scan_finish_flag = 2;}
        }
        if (scan_finish_flag != 2) goto scan_return;
```

補充代码(3)——扫描第 3、4 列键盘的代码
```
    }
// ---------------------- WRITE ----------------------
    ssize_t SIMPLE_KEYBOARD_write (struct file * file, const char * buf, size_t
                            count, loff_t * f_ops)
    {
        补充代码(4)
    }
// ---------------------- IOCTL ----------------------
    ssize_t SIMPLE_KEYBOARD_ioctl (struct inode * inode, struct file * file, unsigned
                            int cmd, long data)
    {
        补充代码(5)
    }
// ---------------------- OPEN ----------------------
    ssize_t SIMPLE_KEYBOARD_open (struct inode * inode, struct file * file)
    {
        补充代码(6)
    }
// ---------------------- RELEASE/CLOSE ----------------------
    ssize_t SIMPLE_KEYBOARD_release (struct inode * inode, struct file * file)
    {
        补充代码(7)
    }
//----------------------------------------------------------------
    struct file_operations KEYBOARD_ctl_ops = {
        补充代码(8)
    };
// ---------------------- INIT ----------------------
    static int __init HW_KEYBOARD_CTL_init(void)
    {
        补充代码(9)
        // --------------------------------------------
        ioremap_addr = ioremap(0x08010000, 0x0f);
        outb(0xff, ioremap_addr);        // KEYBOARD init, this is not necessary
        # ifdef KEYBOARD_DEBUG
            printk("remap address = % x [ -- kernel -- ]\n", ioremap_addr);
        # endif
        // --------------------------------------------
        return ret;
```

```
        }
    static int __init pxa270_KEYBOARD_CTL_init(void)
    {
            补充代码(10)
    }
    static void __exit cleanup_KEYBOARD_ctl(void)
    {
            补充代码(11)
    }
            补充代码(12)
```

****

程序清单 5.17

****

```c
#include <stdio.h>
#include <string.h>
#include <stdlib.h>
#include <fcntl.h>                              // open() close()
#include <unistd.h>                             // read() write()
#include <math.h>
#define DEVICE_NAME "/dev/keypad"
//------------------------ main --------------------------
int main(void)
{
        int fd;
        int ret;
        unsigned char buf[2];
        int i;
        double x;
        char pre_scancode = 0xff;
        printf("\n start keypad_driver test \n\n");
        fd = open(DEVICE_NAME, O_RDWR);
        printf("fd = %d\n",fd);
        if (fd == -1) {
                printf("open device %s error\n",DEVICE_NAME);
        }
        else {
        buf[0] = 0x22;
        while (1) {
```

```
                        read (fd,buf,1);
                        if(buf[0]! = pre_scancode)
                        {
                                if(buf[0]!= 0xff)
                                printf("key = % x\n",buf[0]);
                        }
                        pre_scancode = buf[0];
                        printf("buf[0] = % x\n",buf[0]);
                        sleep(1);
                        usleep(50000);
                }
                // close
                ret = close(fd);
                printf ("ret = % d\n",ret);
                printf ("close keypad_driver test\n");
        }
        return 0;
}   // end main
```

****

实验 20　LCD 控制实验

实验目的:了解 LCD 的基本原理,了解 Linux 下 LCD 的 Framebuffer 结构,了解用总线方式驱动 LCD 模块和 QT 下 LCD 显示的差别,熟悉用 PXA270 内置的 LCD 控制器控制 LCD。

实验内容:学习 LCD 的基本概念和原理,根据程序代码使用总线方式驱动 LCD 模块,并体会与 QT 下 LCD 显示的差别。

实验设备:

① 一套 PXA270-EP 嵌入式实验箱。

② 安装 RedHat 9.0 且配置好 ARM Linux 开发环境的宿主 PC。

预备知识:C 语言的基础知识,程序调试的基础知识和方法,Linux 环境下常用命令和 vi 编辑器的操作;了解 Linux 内核中关于设备控制的基本原理;掌握 Linux 环境下,程序的编辑、编译、链接、调试的过程和方法。

实验原理及说明:

1. LCD 的概念

LCD(Liquid Crystal Display)得名于其物理特性,它的分子晶体以液态存在。这些晶体分子的液体特性使其具有以下特点。

① 如果让电流通过液晶层,这些分子将会按照电流的流动方向进行排列,如果没有电流,它们将会彼此平行排列。

② 如果提供了带有细小沟槽的外层,将液晶倒入后,液晶分子会顺着槽排列,并且内层与外层以同样的方式进行排列。

③ 液晶层能使光线发生扭转。液晶层有些类似偏光器,它能够过滤除了从特殊方向射入的光线之外的所有光线。此外,如果液晶层发生了扭转,光线将会随之扭转,以不同的方向从另外一个面射出。

液晶的这些特点使其可以被用作一种开关,即可以阻碍光线,也可以允许光线通过,如图5-88所示。液晶单元的底层由细小的脊构成,这些脊的作用是让分子平行排列,上层也是如此,这两层之间的分子平行排列。当上下两个表面之间呈一定的角度时,液晶随着两个不同方向的表面进行排列,就会发生扭曲,这个扭曲的螺旋层使通过的光线也发生扭曲。如果电流通过液晶,所有的分子将会按照电流的方向进行排列,这样就会消除光线的扭转。如果将一个偏振滤光器放置在液晶层的上层,扭转的光线通过,而没有发生扭转的光线将被阻碍。因此可以通过电流的通断改变LCD中的液晶排列,使光线在加电时射出,在不加电时被阻断。某些设计为了省电的需要,有电流时,光线不能通过,没有电流时,光线通过。

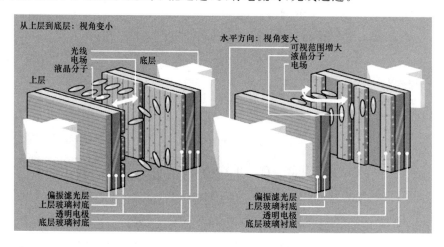

图 5-88

LCD显示器的基本原理就是通过给不同的液晶单元供电,控制其光线通过与否,从而达到显示的目的。因此,LCD的驱动控制归于对每个液晶单元的通断电的控制,每个液晶单元都对应着一个电极,对其通电,便可使光线通过(也有刚好相反的,即不通电时光线通过,通电时光线不通过)。

2. 电致发光原理

LCD的发光原理是通过控制加电与否来使光线通过或被挡住,从而显示图形。光源的提供方式有两种:透射式和反射式。笔记本计算机的LCD显示屏为透射式,屏后面有一个光源,因此不需要外界提供光源。一般微控制器上使用的LCD为反射式,需外界提供光源,靠反射光来工作。

电致发光(EL)是液晶屏提供光源的一种方式。电致发光的特点是低功耗,与二极管发光相比体积小。电致发光是将电能直接转换为光能的一种发光现象。电致发光片是利用此原理经过加工制作而成的一种发光薄片,其特点包括:超薄、高亮度、高效率、低功耗、低热量、可弯曲、抗冲击、长寿命、多种颜色选择等。因此,电致发光片被广泛地应用于各种领域。

3. LCD 的驱动控制

市面上出售的 LCD 有两种类型:一种是带有驱动电路的 LCD 显示模块,这种 LCD 可以方便地与各种低档单片机进行接口,如 8051 系列单片机,但是由于硬件驱动电路的存在,体积比较大,这种模式通常使用总线方式来驱动;另一种是 LCD 显示屏,没有驱动电路,需要与驱动电路配合使用,其特点是体积小,但需要另外的驱动芯片,也可以使用带有 LCD 驱动能力的高档 MCU 驱动,如 ARM 系列的 PXA270。

(1) 总线驱动方式

一般带有驱动模块的 LCD 显示屏使用总线驱动方式,由于 LCD 已经带有驱动硬件电路,因此模块给出的是总线接口,便于与单片机的总线进行接口。驱动模块具有 8 位数据总线,外加一些电源接口和控制信号,且自带显示缓存,只需将要显示的内容送到显示缓存中就可以实现内容的显示。由于只有 8 条数据线,因此通常利用引脚信号来实现地址与数据线复用,以达到把数据送到相应显示缓存的目的。

(2) 控制器扫描方式

PXA270 具有内置的 LCD 控制器,如图 5-89 所示,它具有将显示缓存(在系统存储器中)中的 LCD 图像数据传输到外部 LCD 驱动电路的逻辑功能,支持 DSTN(被动矩阵/无源矩阵)和 TFT(主动矩阵/有源矩阵)两种 LCD 屏,并支持黑白和彩色显示。

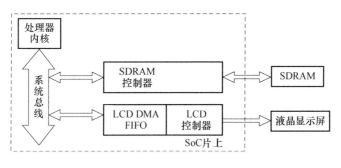

图 5-89

在灰度 LCD 上,使用基于时间的抖动算法(Time-based Dithering Algorithm)和 FRC (Frame Rate Control)方法,可以支持单色、2 级、4 级和 8 级灰度模式。在彩色 LCD 上,可以支持 16 777 216 色(24 位),并且具有 7 路 DMA 通道,可支持两个 LCD 屏。不同尺寸的 LCD,具有不同数量的垂直和水平像素,数据接口的数据宽度、接口时间及刷新率,而 LCD 控制器可以通过编程控制相应的寄存器值,以适应不同的 LCD 显示板。

通常,彩色 LCD 用 8 位、16 位、24 位来表示一个点,因此显示缓冲区点的显示顺序不存在灰度屏中的半字节问题,显示点按照小端(或大端)格式排列,但是存在显示缓存中色彩的顺序是 RGB(红绿蓝)还是 BGR(蓝绿红)的问题。例如,8 位的 STN LCD 有表 5-3 所示的 2 种格式。

表 5-3

RGB								BGR							
7	6	5	4	3	2	1	0	7	6	5	4	3	2	1	0
$R[2:0]$			$G[2:0]$			$B[1:0]$		$R[2:0]$			$G[2:0]$			$B[1:0]$	

对于 16 位色的显示缓冲区,也存在格式和顺序的问题,主要分为表 5-4 所示的 4 种情况。

表 5-4

位	15	14	13	12	11	10	9	8	7	6	5	4	3	2	1	0
RGB565		R[4:0]					G[5:0]						B[4:0]			
BGR565		R[4:0]					G[5:0]						B[4:0]			
RGB555	—		R[4:0]					G[4:0]					B[4:0]			
BGR555	—		R[4:0]					G[4:0]					B[4:0]			

4. Linux 下 LCD 驱动的介绍

Framebuffer 是在 Linux 2.2 版本以后推出的标准显示设备驱动接口,采用 mmap 系统调用,可将其显示缓存映射为可连续访问的一段内存储针,进行绘图工作,而且多个进程可以映射到同一个显示缓冲区。由于映射操作都是由内核来完成,因此基本上不用对 Framebuffer 做改动。

Framebuffer 驱动程序的实现分为两个方面,一方面是对 LCD 及其相关部分的初始化,包括画面缓冲区的创建和对 DMA 通道的设置;另一方面是对画面缓冲区的读写及控制,具体到代码为 read、write、ioctl 等系统调用接口。至于将画面缓冲区的内容输出到 LCD 显示屏上,则由硬件自动完成,对于软件来说是透明的。DMA 通道和画面缓冲区设置完成后,DMA 开始正常工作,并将缓冲区中的内容不断发送到 LCD 上,这个过程基于 DMA 对 LCD 的不断刷新。基于该特性,Framebuffer 驱动程序必须将画面缓冲区的存储空间(物理空间)重新映射到一个不加高缓存和写缓存的虚拟地址区间中,这样才能保证应用程序通过 mmap 将该缓存映射到用户空间后,对该画面缓存的写操作能够实时地体现在 LCD 上。

帧缓冲设备对应的设备文件为/dev/fb0～/dev/fb31,Linux 最多可以支持 32 个帧缓冲设备,/dev/fb0 为当前默认的帧缓冲设备。帧缓冲设备为标准字符设备,主设备号为 29,次设备号则为 0～31,分别对应 /dev/fb0～/dev/fb31。

LCD 的设备文件操作结构如下所示。

```
static struct file_operations fb_fops = {
owner：THIS_MODULE,
read：fb_read,
write：fb_write,
ioctl：fb_ioctl,
mmap：fb_mmap,
open：fb_open,
release：fb_release,
# ifdef HAVE_ARCH_FB_UNMAPPED_AREA
    get_unmapped_area：get_fb_unmapped_area,
# endif
};
```

在用户空间,对 /dev/fb 下设备的操作主要有以下几个步骤。

① 通过 open 操作打开/dev/fb 设备文件。

② 通过 ioctl 操作取得当前显示屏的参数,如分辨率、显示颜色数、屏幕大小等,并可计算出显示屏缓冲区的大小。

③ 通过映射操作,将文件的内容映射到用户空间。

④ 读取用户映射空间的屏幕缓冲区,进行文字图片显示。

5. PXA270-EP 实验电路图

实验电路图如图 5-90 所示。

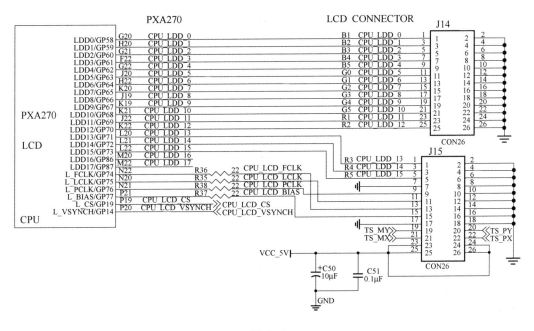

图 5-90

实验步骤:

① 硬件连接:按照实验 1 的步骤,连接宿主 PC 和一台 PXA270-EP 目标板。

② 编写并编译测试程序。在宿主 PC 端,打开终端窗口,输入以下 4 条命令:

① cp /pxa270_linux/Supply/LCD_Control /home -arf

② cd /home /LCD_Control

③ vi simple_test_driver.c　　　　　　　　　/ * 输入驱动程序清单 5.18 * /

④ arm-linux-gcc -o test simple_test_driver.c　　/ * 编译测试程序 * /

③ 在 PXA270-EP 目标板运行测试程序。在超级终端窗口的 PXA270-EP 目标板界面,输入以下 4 条命令:

① root

② mount -o soft, timeo = 100, rsize = 1024 192.168.0.100:/ /mnt

③ cd /mnt/home/ LCD_Control

④ ./test

运行测试程序,可以看到程序运行后 LCD 成功启动,在 LCD 液晶屏上可以看到彩色条纹,这是通过总线直接控制 LCD 的显示效果,如图 5-91 所示,终端显示如图 5-92 所示。按

"Ctrl＋C"可退出。

图 5-91

图 5-92

实验注意事项:本实验在设计编写程序时,要注意 LCD 屏幕的显示坐标的计算。

实验作业:本实验在 LCD 上显示了彩色条纹,由于 LCD 的驱动程序比较复杂,已经直接将其编译入内核,试设计编写一个程序,实现 PXA270-EP 目标板上的 LCD 显示彩色竖条纹或彩色圆环等。

实验参考程序:

测试程序清单 5.18

```
***************************************************************
# include <stdio.h>
# include <string.h>
# include <stdlib.h>
# include <fcntl.h>                    // open() close()
# include <unistd.h>                   // read() write()
# define DEVICE_NAME "/dev/fb"
# define VERSION        "PXA2700EP-LCD-V1.00-060530"
void showversion(void)
{
        printf("***********************************************\n");
```

```
              printf("\t %s \t\n", VERSION);
              printf(" * * * * * * * * * * * * * * * * * * * * * * * * * * * * * * * * * * * * \n\n");
    }
// - - - - - - - - - - - - - - - - - - - - - - - main - - - - - - - - - - - - - - - - - - - - - - - -
    int main(void)
    {        int fd;
             int ret;
             int i;
             unsigned short buf[640 * 480];
             showversion();
             printf("\nstart test_lcd test\n\n");
             fd = open(DEVICE_NAME, O_RDWR);
             printf("fd = %d\n",fd);
             if (fd == -1)
             {
                     printf("open device %s error\n",DEVICE_NAME);
             }
             else
             {
                     for(i = 0;i<640 * 480;i++)
                         {
                                 buf[i] = 0x0001;
                         }
                     ret = write(fd,buf,sizeof(buf));
                     usleep(500000);
                     close(fd);
// - - - - - - - - - - - - - - - - - - - - - - - - - - - - - - - - - - - - - - - - - - - - - - - - - -
                     fd = open(DEVICE_NAME, O_RDWR);
                     for(i = 0;i<640 * 480/8;i++)
                     {
                             buf[i] = 0x0001;
                     }
                     for(i = 640 * 480/8;i<640 * 480 * 2/8;i++)
                     {
                             buf[i] = 0xf800;
                     }
                     for(i = 640 * 480 * 2/8;i<640 * 480 * 3/8;i++)
                     {
                             buf[i] = 0x07ef;
                     }
                     for(i = 640 * 480 * 3/8;i<640 * 480 * 4/8;i++)
```

```
        {
            buf[i] = 0x001f;
        }
        for(i = 640 * 480 * 4/8;i<640 * 480 * 5/8;i++)
        {
            buf[i] = 0xffe0;
        }
        for(i = 640 * 480 * 5/8;i<640 * 480 * 6/8;i++)
        {
            buf[i] = 0x07ff;
        }
        for(i = 640 * 480 * 6/8;i<640 * 480 * 7/8;i++)
        {
            buf[i] = 0xf81f;
        }
        for(i = 640 * 480 * 7/8;i<640 * 480;i++)
        {
            buf[i] = 0xffff;
        }

        ret = write(fd,buf,sizeof(buf));
        getchar();
    }
    return 0;
}                           // end main
```

****

实验 21　触摸屏数据采集与控制实验

实验目的:通过实验掌握触摸屏的设计与控制方法,熟练掌握 PXA270 LCD 控制器的使用,掌握 UCB1400 芯片的 A/D 转换功能。

实验内容:编程实现触摸屏坐标到 LCD 坐标的校准,编程实现触摸屏坐标采集以及 LCD 坐标的计算。

实验设备:

① 一套 PXA270-EP 嵌入式实验箱。

② 安装 RedHat 9.0 且配置好 ARM Linux 开发环境的宿主 PC。

预备知识:C 语言的基础知识,程序调试的基础知识和方法,Linux 环境下常用命令和操作;A/D 采样的原理;LCD 的显示原理和控制方法;了解触摸屏与显示屏的坐标转换。

实验原理及说明:

1. 触摸屏的基本原理

触摸屏(TSP，Touch Screen Panel)按工作原理的不同可分为表面声波屏、电容屏、电阻屏和红外屏。每一类触摸屏都有各自的优缺点，下面简单介绍每一类触摸屏技术的工作原理和特点。

(1) 电阻式触摸屏

电阻式触摸屏是一块 4 层的透明复合薄膜屏，如图 5-93 和图 5-94 所示，最下面是由玻璃或有机玻璃构成的基层；最上面是一层外表面经过硬化处理从而光滑防刮的塑料层；中间是两层金属导电层，分别在基层之上和塑料层内表面，两导电层之间有许多细小的透明隔离点把它们隔开。当手指触摸屏幕时，两导电层在触摸点处接触。

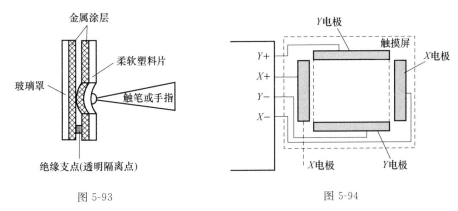

图 5-93　　　　　　　　　　　　　　　　　　图 5-94

电阻式触摸屏的两个金属导电层是触摸屏的两个工作面，在每个工作面的两端各涂有一条银胶，称为该工作面的一对电极，若在一个工作面的电极对上施加电压，则该工作面上就会形成均匀连续的平行电压分布。如图 5-95 所示，当在 X 方向的电极对上施加电压，而 Y 方向的电极对上不加电压时，在 X 平行电压场中，触点处的电压值可在 $Y+$(或 $Y-$)电极上反映出来，通过测量 $Y+$ 电极对地电压的大小，便可得知触点的 X 坐标值。同理，当在 Y 电极对上加电压，而 X 电极对上不加电压时，通过测量 $X+$ 电极的电压，便可得知触点的 Y 坐标。

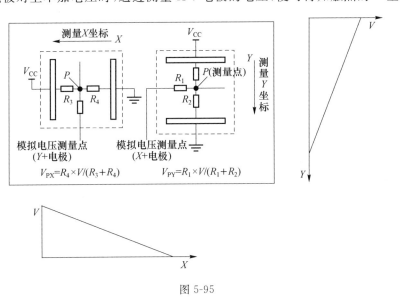

图 5-95

电阻式触摸屏又分为四线式和五线式两种。四线式触摸屏的 X 工作面和 Y 工作面分别加在两个导电层上,共有 4 根引出线,分别连到触摸屏的 X 电极对和 Y 电极对上。五线式触摸屏把 X 工作面和 Y 工作面都加在玻璃基层的导电涂层上,但工作时仍是分时加电压的,即让两个方向的电压场分时工作在同一工作面上,而外导电层则仅用于充当导体和电压测量电极,因此,五线式触摸屏的引出线为 5 根。虽然五线式触摸屏比四线式寿命更长,不容易被划伤,但五线式触摸屏具有价位高和对环境要求高的缺点,使用并不广泛。

电阻式触摸屏的特点是:

- 高解析度,高速传输反应;
- 表面硬度处理,减少擦伤、刮伤、防化学处理;
- 具有光面及雾面处理;
- 一次校正,稳定性高,永不漂移。

（2）表面声波触摸屏

表面声波触摸屏利用声波在物体的表面进行传输,当有物体触摸到表面时,阻碍声波的传输,换能器侦测到这个变化,反映给计算机,进而进行鼠标的模拟。表面声波触摸屏的特点是:

- 清晰度高,透光率好;
- 高度耐久,抗刮伤性良好;
- 一次校正,不漂移;
- 适用于办公室,机关单位等环境比较干净的场所。

表面声波触摸屏需要经常维护,灰尘、油污甚至饮料的液体附着在屏的表面,都会阻塞触摸屏表面的导波槽,使声波不能正常反射,或使波形改变导致控制器无法正常识别,从而影响触摸屏的正常使用。用户需严格注意环境卫生,必须经常擦抹屏的表面以保持屏面的光洁,并定期进行一次全面的擦除。

（3）电容式触摸屏

电容式触摸屏利用人体的电流感应进行工作。用户触摸屏幕时,由于人体电场,用户和触摸屏表面形成一个耦合电容,对高频电流来说,电容是直接导体,于是手指从接触点吸走很小的电流。这个电流会从触摸屏的四角上的电极中流出,并且流经这四个电极的电流与手指到四角的距离成正比,控制器通过对这四个电流比例的精确计算,得出触摸点的位置。电容触摸屏的特点是:

- 对大多数的环境污染物有抵抗力;
- 人体成为线路的一部分,因而漂移现象比较严重;
- 戴手套不起作用;
- 需经常校准;
- 不适用于金属机柜;
- 当外界有电感和磁感时,会使触摸屏失灵。

2. 触摸屏与显示器的配合

一般触摸屏将触摸时 X、Y 方向的电压值送到 A/D 转换接口,经过 A/D 转换后的 X 值与 Y 值仅是当前触摸点电压值的 A/D 转换值,不具有实用价值,值的大小不但与触摸屏的分辨率有关,而且与触摸屏和 LCD 贴合的情况有关。

以四线电阻式触摸屏为例,每次按压后,将产生 4 个电压信号 $X+$、$Y+$、$X-$、$Y-$,再经过 A/D 转换后得到相应的值,LCD 分辨率与触摸屏的分辨率一般是不一样的,坐标也不一样,因此,如果想得到体现 LCD 坐标的触摸屏位置,还需要在程序中进行转换。

3. 实验说明

本实验的主要目的是了解触摸屏工作原理以及触摸屏数据采集编程方法。PXA270 系统的触摸模块由一个电阻式触摸屏和 PXA270 触摸屏控制电路组成,使用 UCB1400 芯片实现触摸屏的输入。触摸屏的采集步骤如下所述。

(1) 数据采集口初始化

使用连接到 PXA270 的 UCB1400 芯片来实现触摸屏的输入,在采集数据之前要初始化端口,并等待触摸事件发生。

(2) 等待触摸事件

UCB1400 将触摸事件设置为中断模式,输入芯片,因此如果此时有一个触摸动作,这个信号同时作为触摸屏中断信号的输入,产生一个中断信号,以便进行采集。

(3) 采集数据

UCB1400 内部有一个 A/D 转换器,进行数据的转换。数据采集过程需要使用 A/D 转换器来完成,为了保证正确性,通常采集 10 次以上并去头去尾,只取其中部分数据再平均。首先采集 Y 方向的数据,这时需要将 $X+$ 输出高电平,$X-$ 输出低电平;其次采集 X 方向的数据,这时需要将 $Y+$ 输出高电平,$Y-$ 输出低电平。

(4) 触摸屏的坐标

通过上述方式采集的坐标是相对于触摸屏的坐标,需要转换为 LCD 坐标,在此之前需要进行两种坐标的校准工作,这里采用取平均值法。首先从触摸屏的 4 个顶角得到 2 个最大值和 2 个最小值,分别计为 x_max,y_max 和 x_min,y_min。X、Y 方向的确定如表 5-5 所示。

表 5-5

方向	AD	N-MOS		P-MOS	
X	AIN_1	$Q_1(-)=0$	$Q_2(+)=1$	$Q_3(-)=1$	$Q_4(+)=0$
Y	AIN_0	$Q_1(+)=1$	$Q_2(-)=0$	$Q_3(+)=0$	$Q_4(-)=1$

当系统处于休眠状态时,Q_1,Q_3 和 Q_4 处于截止状态,Q_2 导通。

当触摸屏被按下时,首先导通 MOS 管组 Q_1 和 Q_4,$X+$ 与 $X-$ 回路加上 $+3.3$ V 电源,同时将 MOS 管组 Q_2 和 Q_3 关闭,断开 $Y+$ 和 $Y-$,再启动处理器的 A/D 转换通道 1(AIN_1),电路电阻与触摸屏按下产生的电阻输出分量电压,并由 A/D 转换器将电压值数字化,计算 X 轴的坐标。

接着导通 MOS 管组 Q_2 和 Q_3,$Y+$ 与 $Y-$ 回路加上 $+3.3$ V 电源,同时将 MOS 管组 Q_1 和 Q_4 关闭,断开 $X+$ 和 $X-$,再启动处理器的 A/D 转换通道 0(AIN_0),电路电阻与触摸屏按下产生的电阻输出分量电压,并由 A/D 转换器将电压值数字化,计算 Y 轴的坐标。

系统读到坐标值后,关闭 Q_1、Q_3 和 Q_4,打开 Q_2,回到初始状态,等待下一次接触。

确定 X、Y 方向后,坐标值的计算公式如下:

$$X=(x\_max-X_a)\times320\ /(x\_max-x\_min)$$

$$Y=(\text{y\_max}-Y_a)\times 240 \,/(\text{y\_max}-\text{y\_min})$$

式中，

$$X_a=(X_1+X_2+\cdots+X_n)/\,n$$
$$Y_a=(Y_1+Y_2+\cdots+Y_n)/\,n$$

通过计算，触摸屏的坐标情况如图 5-96 所示($n=5$)。

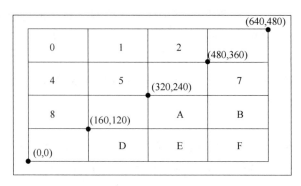

图 5-96

（5）触摸屏的电路原理图

触摸屏的电路原理图如图 5-97 所示。

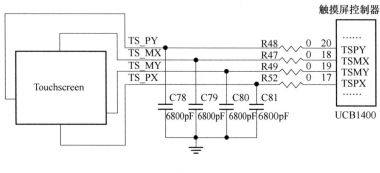

图 5-97

实验步骤：

① 硬件连接：按照实验 1 的步骤，连接宿主 PC 和一台 PXA270-EP 目标板。

② 编译测试程序。在宿主 PC 端打开的终端窗口，输入以下 3 条命令：

① cp /pxa270_linux/Supply/TouchSreen /home -arf

② cd /home/TouchSreen

③ arm-linux-gcc -o test touch.c   /＊编译测试程序＊/

③ 在 PXA270-EP 目标板运行测试程序。在超级终端的 PXA270-EP 目标板界面，输入以下 4 条命令：

① root

② mount -o soft, timeo = 100, rsize = 1024 192.168.0.100: //mnt

③ cd /mnt/home/TouchSreen

④ ./test

可以看到程序运行后设备成功启动，用触摸笔点击触摸屏的有效范围时，在超级终端可以看到相应触点的坐标,如图 5-98 所示。按"Ctrl+C"可退出。

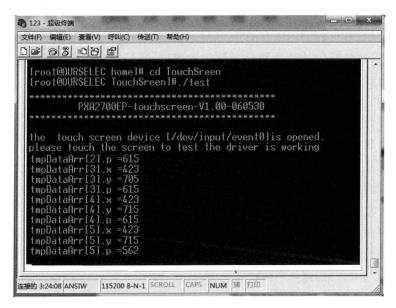

图 5-98

实验注意事项:

① 触摸屏坐标与 LCD 坐标的校准。

② 在使用触摸屏的过程中,不要用特别坚硬的物品点击触摸屏,以免划伤触摸屏,请尽量使用提供的触摸笔点击触摸屏。

实验作业:基于之前做过的实验,利用键盘或触摸屏控制,设计实现对 PXA270 开发系统的 LCD 上彩色条纹或彩色圆环的变换控制。

实验 22　VGA 显示实验

实验目的:通过实验了解液晶屏和显示器的原理和区别,了解 VGA 接口的标准和特点。

实验内容:编程实现图像通过 VGA 接口在显示器上输出,观察液晶显示屏和 VGA 显示器同步显示的图像。

预备知识:C 语言的基础知识,程序调试的基础知识和方法,Linux 环境下常用命令和操作;显示器和液晶屏的显示原理和控制方法;了解 VGA 显示器和液晶屏的区别。

实验设备:

① 一套 PXA270-EP 嵌入式实验箱。

② 安装 RedHat 9.0 且配置好 ARM Linux 开发环境的宿主 PC。

③ 一台显示器。

实验原理及说明:

显示器由视频处理电路,视频放大电路,行扫描电路,场扫描电路,同步信号处理电路,亮度调整电路,自动亮度(ABL)控制电路,显像管和电源等组成。

1. 显示器各部分主要功能

（1）视频处理电路

目前用户使用的绝大部分是 VGA 彩色显示器，但个别用户还在使用 TTL（CGA、EGA）彩色显示器，所以该电路包括这两种显示器的内容。VGA 显示器视频处理电路的主要功能是，将计算机送入的 R、G、B 模拟脉冲信号进行视频处理后送入视频放大电路。视频处理电路多数采用 M51387 或 LM1203N 芯片。TTL 彩色显示器视频处理电路先将 TTL 数字信号进行放大整形，然后进行释码处理，再将 TTL 信号变成模拟信号，送入视频放大电路。整形放大一般采用三极管，释码处理常采用 N82S147AN（同 DM74S472N）或 N82S135N，D/A 转换电路前几年常采用分离元件，现在均采用集成电路。两种显示器视频处理电路都具有对比度控制、亮平衡调整等功能。

（2）视频放大电路

视频放大电路的主要功能是对经视频处理后的模拟信号进行放大，常通过射极跟随器输出送入显像管阴极 RK、GK、BK。该电路还具有暗平衡调整功能，保证屏幕背景颜色适宜，同时有足够的带宽和放大量，保证图像清晰不失真。

（3）行扫描电路

① 输送给行偏转线圈线性良好的行频锯齿波电流，峰值可达几安培。

② 供给显像管所需要的工作电压、阳极高压，单色显像管为 $14\sim17$ kV，14 英寸彩色显像管为 $22\sim30$ kV，17 英寸以上大屏幕为 $26\sim34$ kV。为 $14\sim20$ 英寸彩色显像管提供 $5\sim8$ kV 聚焦极电压，为 14 英寸彩管提供 $250\sim450$ V 加速极电压。为亮度控制电路提供 $-170\sim400$ Vpp 脉冲电压，为灯丝提供 6.3 V 直流或 $20\sim30$ Vpp 行脉冲电压。目前生产的彩色显示器显像管灯丝电压大多数采用电源供电，有些显示器还由计算机控制。

③ 为显像管提供行消隐信号，使行扫描逆程中电子束被截止，实际上电子束没有完全被截止，只是在屏幕亮度适合的情况下不出现回扫线。

④ 向行扫描集成电路（AFC）鉴相器提供行逆程脉冲信号。经积分变为锯齿波，作为比较信号与同步信号进行比较，实现行扫描频率和相位与同步信号的频率和相位完全同步，保证屏幕图像稳定。

⑤ 国外一些显示器还提供高压直流取样电压送入高压稳定电路。

（4）显像管

通过显像管的屏幕实时地将计算机的工作过程和结果显示出来。

（5）电源

向显示器各组成部分提供稳定的直流工作电压。行场振荡电路电源电压一般为 12 V。行输出电源电压的大小随行同步脉冲频率升高而升高，一般为 $54\sim130$ V，常用 B+ 表示，大屏幕可到 195 V。行推动电路电源电压一般为 $12\sim100$ V。场输出电路电源电压一般为 $12\sim100$ V。视频放大电路电源电压为 $60\sim180$ V。视频处理电路电源电压一般为 12 V。集成电路电源电压一般为 5 V。灯丝电源电压一般为 6.3 V。

2. 目标板上 VGA 控制器的电路原理图

VGA 控制器的电路原理图如图 5-99 和图 5-100 所示。

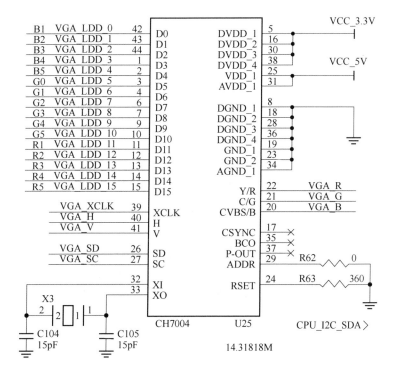

图 5-99

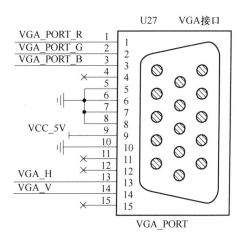

图 5-100

实验步骤：

① 硬件连接：连接宿主 PC 和一台 PXA270-EP 目标板，将显示器连接到 PXA270-EP 目标板的 VGA 接口上。

② 编译测试程序。在宿主 PC 端的终端窗口，输入以下 3 条命令：

① `cp /pxa270_linux/Supply/VGA /home -arf`

② `cd /home/VGA`

③ `arm-linux-gcc -o test vga_ctl.c`

③ 在 PXA270-EP 目标板运行测试程序。在超级终端上输入以下 4 条命令：

① root

② mount − o soft, timeo = 100, rsize = 1024 192.168.0.100: / /mnt

③ cd /mnt/home/VGA

④ ./test   /*运行测试程序的目标程序,如图 5-101 所示*/

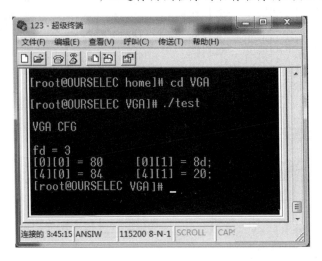

图 5-101

将显示器的连接线接到 PXA270-EP 目标板的 VGA 输出接口,可以看到程序运行的结果。

实验注意事项:本实验中需要注意的是如何配置 VGA 的控制芯片的参数。

实验作业:通过本实验的操作,VGA 设备成功启动,在液晶屏和显示器上可以看到完全同步的画面,由于二者格式和刷新频率的差别,实验中做了折中处理,可能显示效果没有达到最优,试在本实验的基础上进行显示的优化。

实验 23   Web 服务器实验

实验目的:掌握在 PXA270 开发板上实现一个简单 Web 服务器的过程,学习在 PXA270 开发板上的 socket 网络编程,学习 Linux 下的 signal()函数的使用。

实验内容:学习使用 socket 进行通信编程的过程,了解一个实际的网络通信应用程序的整体设计,阅读 HTTP 的相关内容,学习几个重要的网络函数的使用方法;读懂 httpd.c 源代码和 httpd.mdl 代码,在此基础上增加一些其他功能;在 PC 上使用浏览器测试嵌入式 Web 服务器的功能。

实验设备:

① 一套 PXA270-EP 嵌入式实验箱。

② 安装 RedHat 9.0 且配置好 ARM Linux 开发环境的宿主 PC。

预备知识:C 语言的基础知识,程序调试的基础知识和方法,Linux 环境下常用命令和 vi 编辑器的操作;HTTP 1.0 的基本知识;socket 编程的几个基本函数的使用方法。

实验原理及说明:

1. 软件需求说明

软件需求说明如图 5-102 所示。

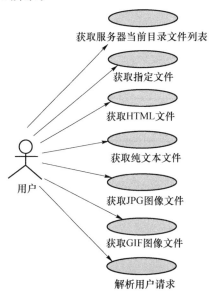

图 5-102

- 获取服务器当前目录文件列表：将服务器当前目录下所有文件的信息发送给用户端，信息包括文件名、大小、日期。
- 获取指定文件：将用户请求的文件发送给用户。
- 获取 HTML 文件：将用户请求的 HTML 文件发送给用户。
- 获取纯文本文件：将用户请求的纯文本发送给用户。
- 获取 JPG 图像文件：将用户请求的 JPG 图像文件发送给用户。
- 获取 GIF 图像文件：将用户请求的 GIF 图像文件发送给用户。
- 解析用户请求：分析用户的请求，将请求信息解析为几个变量，包括请求的命令、请求的文件名、请求的文件类型。

2. 数据流图（DFD）

数据流图如图 5-103 所示。

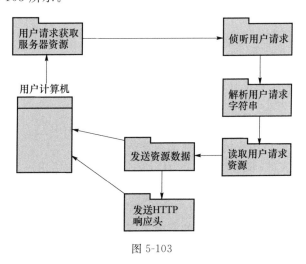

图 5-103

3. 数据需求

HTTP 响应头格式要求,如表 5-6 所示。

表 5-6

行号	字段	内容举例
1	状态行	HTTP/1. 0 200 OK
2	文件类型	Content-type:text/html
3	服务器信息	Server:ARMLinux-httpd 0. 2. 4
4	是否过期	Expires:0

4. 系统结构图

系统结构图如图 5-104 所示。主程序中,建立 TCP 类型 socket 在 80 端口监听连接请求,接收到连接请求后,将请求传送给连接处理模块处理,并继续进行监听。

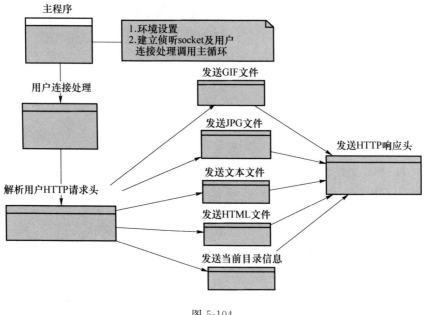

图 5-104

5. 连接处理模块

连接处理模块如图 5-105 所示。

6. 功能分配

- 发送当前目录文件列表信息:将服务器当前目录下所有文件的信息发送给用户端,信息包括文件名、大小、日期。
- 发送 HTML 文件:将用户请求的 HTML 文件发送给用户。
- 发送纯文本文件:将用户请求的纯文本发送给用户。
- 发送 JPG 图像文件:将用户请求的 JPG 图像文件发送给用户。
- 发送 GIF 图像文件:将用户请求的 GIF 图像文件发送给用户。
- 解析用户 HTTP 请求头:分析用户的请求,包括空格处理、解析用户请求命令、解析用户请求的资源名、解析用户请求的资源类型。
- 用户连接处理:解析 referrer 和 content_length 字段值并调用用户请求解析函数。

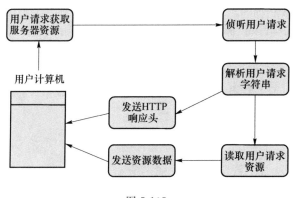

图 5-105

• 发送 HTTP 响应头:根据发送文件类型发送相应的 HTTP 响应头信息。

7. 接口设计

(1) 用户连接处理

① 函数名:int HandleConnect(int fd)。

② 参数:用户连接文件描述字。

(2) 解析用户请求

① 函数名:int ParseReq(FILE * f, char * r)。

② 参数 1:文件流 FILE 结构指针,表示用户连接的文件流指针。

③ 参数 2:字符串指针,指向待解析的字符串。

(3) 发送 HTTP 响应头

① 函数名:int PrintHeader(FILE * f, int content_type)。

② 参数 1:文件流 FILE 结构指针,表示用户连接的文件流指针,用于写入 HTTP 响应头信息。

③ 参数 2:信息类型,用于确定发送的 HTTP 响应头信息。

(4) 发送当前目录文件列表信息

① 函数名:int DoDir(FILE * f, char * name)

② 参数 1:文件流 FILE 结构指针,表示用户连接的文件流指针,用于写入目录文件信息数据。

③ 参数 2:目录名,表示用户请求的目录信息。

(5) 发送 HTML 文件内容

① 函数名:int DoHTML(FILE * f, char * name)

② 参数 1:文件流 FILE 结构指针,表示用户连接的文件流指针,用于写入文件信息数据。

③ 参数 2:用户请求的文件名。

(6) 发送纯文本文件内容

① 函数名:int DoText(FILE * f, char * name)。

② 参数 1:文件流 FILE 结构指针,表示用户连接的文件流指针,用于写入文件信息数据。

③ 参数 2:用户请求的文件名。

(7) 发送 JPG 图像文件内容

① 函数名:int DoJpg(FILE * f, char * name)。

② 参数 1：文件流 FILE 结构指针，表示用户连接的文件流指针，用于写入文件信息数据。

③ 参数 2：用户请求的文件名。

（8）发送 GIF 图像文件内容

① 函数名：int DoGif(FILE * f, char * name)。

② 参数 1：文件流 FILE 结构指针，表示用户连接的文件流指针，用于写入文件信息数据。

③ 参数 2：用户请求的文件名。

8. 模块设计

（1）主程序设计

① 功能说明：系统的总入口，也是系统的主要控制函数，其功能包括建立环境设置；设置信号处理方式；建立侦听 TCP 流方式 socket 并绑定 80 端口；建立连接侦听及用户连接处理调用主循环。

② 算法流程如图 5-106 所示。

③ 命令行输入处理：用户在命令行输入参数"-i"，则将用户输入文件描述字设为 0，即标准输入，用于在本机进行测试，其他输入全部忽略。

（2）用户连接处理模块设计

① 功能说明：用于初步处理用户的连接请求，并将请求信息传递给用户，请求解析函数处理。

② 算法流程如图 5-107 所示。

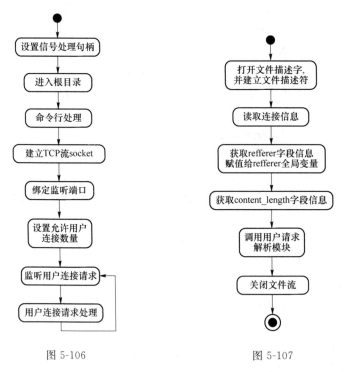

图 5-106   图 5-107

（3）用户请求解析处理模块设计

① 功能说明：用于解析用户的请求，并根据请求信息调用相应的函数进行请求处理。

② 算法流程如图 5-108 所示。

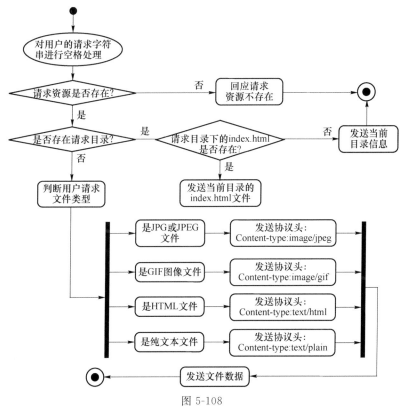

图 5-108

（4）发送 HTTP 响应头模块设计

① 功能说明：根据参数的不同，发送不同的 HTTP 响应头信息。

② 算法：函数定义为 int PrintHeader(FILE ∗ f, int content_type)。

- 发送请求成功信息：HTTP/1.0 200 OK。

- 根据文档类型发送相应的信息，fprintf()函数中的第一个参数 f 为用户连接文件流
  句柄：

```
switch(content_type)
{
case 't':
fprintf(f,"Content-type：text/plain\n");
break;
case 'g':
fprintf(f,"Content-type：image/gif\n");
break;
case 'j':
fprintf(f,"Content-type：image/jpeg\n");
break;
case 'h':
fprintf(f,"Content-type：text/html\n");
break;
}
```

• 发送服务器信息：

fprintf(f,"Server: AMRLinux-httpd 0.2.4\n");

• 发送文件过期为永不过期：

fprintf(f,"Expires: 0\n");

实验步骤：

① 硬件连接：按照实验 1 的步骤，连接宿主 PC 和一台 PXA270-EP 目标板。

② 编译测试程序。

在宿主 PC 端打开的终端窗口输入以下 10 条命令：

① cp /pxa270_linux/Supply/Web /home -a

② cd /home/

③ chmod 777 Web   /＊改变文件权限＊/

④ cd Web

⑤ chmod 777 ＊

⑥ cd baidu.files

⑦ chmod 777 ＊   /＊将该目录下所有文件的属性改为 777 权限＊/

⑧ cd /home/Web

⑨ make clean   /＊清除已编译过的测试程序＊/

⑩ make   /＊编译测试程序，如图 5-109 所示＊/

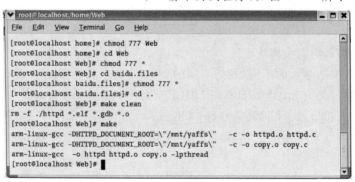

图 5-109

③ 在 PXA270-EP 目标板运行测试程序。在超级终端，输入以下 4 条命令：

① root

② mount − o soft, timeo = 100, rsize = 1024 192.168.0.100: / /mnt

③ cd /mnt/home/Web

④ ./httpd   /＊运行测试程序的目标程序，如图 5-110 所示＊/

图 5-110

④ 在宿主 PC 端,打开 IE 浏览器,输入 http://192.168.0.50,可以看到打开的是百度的首页,如图 5-111 所示,超级终端上出现图 5-112 所示内容,按"Ctrl＋C"可退出。

图 5-111　　　　　　　　　　　　　　　　图 5-112

实验注意事项:

① 在本实验中,实验者需要阅读 HTTP 的相关内容,学习几个重要的网络函数的使用方法,这将对编写程序有很大的帮助。

② 读懂 httpd.c 源代码,以便在此基础上增加一些其他功能。

③ 如果在宿主 PC 端,打开 IE 浏览器并输入 http://192.168.0.50 后看不到百度的首页,考虑:

（a）去掉宿主 PC 上的防火墙。

（b）网络连接设置为只开通本地连接,其他连接禁用。

（c）重新配置宿主 PC 的 IP(192.168.0.0～255),但 0～255 不能设 100 和 50,在 Internet 协议版本 4(TCP/IPv4)内设置子网掩码为 255.255.255.0,默认网关为 192.168.0.1,首选 DNS 服务为 192.168.0.1。Internet 协议版本 6(TCP/IPv6)选自动获取。

（d）配置 httpd:

- 选中 httpd,出现" ＊ "→Firewall configuration→No firewall。根据实验 5 的内容,测试 TFTP 服务器是否可用;
- 重新启动 NFS 服务。

实验作业:本实验实现了嵌入式 Web 服务器的基本功能,在理解源代码思想的基础上,试实现对 www.google.com 网址的访问。

实验 24　网络文件传输实验

实验目的:了解 Linux 下的网络编程,了解 PXA270 的网络特性。

实验内容:通过网络在宿主 PC 与 PXA270-EP 目标板之间进行文件传输。

预备知识:C 语言的基础知识;掌握 Linux 下常用的编辑器的使用;掌握 Makefile 的编写和使用;了解 Linux 下编译程序与交叉编译的过程。

实验设备:

① 一套 PXA270-EP 嵌入式实验箱。

② 安装 RedHat 9.0 且配置好 ARM Linux 开发环境的宿主 PC。

实验原理及说明：

socket 套接口是用来进行进程间通信以及网络传输的重要工具。Linux 提供了很多函数对套接口进行操作，网络编程便是基于这些函数的。套接口类似于文件描述符，套接口支持很多协议，本实验中主要使用 TCP 和 UDP。实验程序采用传统的服务器/用户端结构。下面对实验原理进行简要的说明。

1. socket

（1）socket 简介

socket 接口是 TCP/IP 网络的 API，socket 接口定义了许多函数或例程，用户可以利用它们来开发 TCP/IP 网络上的应用程序。要学习互联网上的 TCP/IP 网络编程，必须理解socket 接口，socket 接口设计者最初是将接口放在 Unix 操作系统内的，如果了解 Unix 系统的输入和输出，就容易了解 socket。网络的 socket 数据传输是一种特殊的 I/O，socket 也是一种文件描述符，socket 具有一个类似于打开文件的函数调用 socket，该函数返回一个整型的 socket 描述符，随后连接建立、数据传输等操作都是通过 socket 实现的。常用的 socket 类型有两种，即流式 socket(SOCK_STREAM) 和数据报式 socket(SOCK_DGRAM)。流式socket是一种面向连接的 socket，针对面向连接的 TCP 服务应用，数据报式 socket 是一种无连接的 socket，对应无连接的 UDP 服务应用。

（2）socket 建立

为了建立 socket，程序可以调用 socket 函数，该函数返回一个类似于文件描述符的句柄，socket 函数原型为

$$\text{int socket(int domain, int type, int protocol);}$$

其中，domain 指明所使用的协议族，通常为 PF_INET，表示互联网协议族（TCP/IP 协议族）；type 参数指定 socket 的类型，即 SOCK_STREAM 或 SOCK_DGRAM，socket 接口还定义了原始 socket(SOCK_RAW)，允许程序使用低层协议；protocol 通常为"0"。socket 调用返回一个整型 socket 描述符，可以在后面的调用中使用它，socket 描述符是一个指向内部数据结构的指针，它指向描述符表入口。调用 socket 函数时，socket 执行体将建立一个 socket，即为一个 socket 数据结构分配存储空间，socket 执行体为用户管理描述符表。

两个网络程序之间的一个网络连接包括 5 种信息：通信协议、本地协议地址、本地主机端口、远端主机地址和远端协议端口，socket 数据结构中包含这 5 种信息。

（3）socket 配置

通过 socket 调用返回一个 socket 描述符后，在使用 socket 进行网络传输前，必须配置该socket。面向连接的 socket 用户端通过调用 connect 函数在 socket 数据结构中保存本地和远端信息。无连接的 socket 用户端和服务端以及面向连接的 socket 服务端通过调用 bind 函数来配置本地信息，bind 函数将 socket 与本机上的一个端口相关联，随后用户可以在该端口监听服务请求，bind 函数原型为

$$\text{int bind(int sockfd, struct sockaddr * my\_addr, int addrlen);}$$

其中，sockfd 是调用 socket 函数返回的 socket 描述符，my_addr 是一个指向包含本机 IP 地址及端口号等信息的 sockaddr 类型的指针；addrlen 常被设置为 sizeof(struct sockaddr)，struct sockaddr 结构类型是用来保存 socket 信息的：

```
struct sockaddr {
unsigned short sa_family;                     /* 地址族，AF_xxx */
```

```
char sa_data[14];                    /* 14 字节的协议地址 */
};
```

其中,sa_family 一般为 AF_INET,代表互联网地址族(TCP/IP 地址族);sa_data 包含该 socket 的 IP 地址和端口号。

此外,还有一种结构类型:

```
struct sockaddr_in {
short int sin_family;            /* 地址族 */
unsigned short int sin_port;     /* 端口号 */
struct in_addr sin_addr;         /* IP 地址 */
unsigned char sin_zero[8];       /* 填充 0 以保持与 struct sockaddr 同样长度 */
};
```

这个结构更方便使用,其中,sin_zero 用于将 sockaddr_in 结构填充到与 struct sockaddr 同样的长度,可以用 bzero()或 memset()函数将其设置为零。指向 sockaddr_in 的指针和指向 sockaddr 的指针可以相互转换,这意味着如果一个函数所需参数类型是 sockaddr 时,用户可以在函数调用时将一个指向 sockaddr_in 的指针转换为指向 sockaddr 的指针,反之亦然。

使用 bind 函数时,可以用下面的赋值实现自动获得本机 IP 地址和随机获取一个没有被占用的端口号:

```
my_addr.sin_port = 0;            /* 系统随机选择一个未被使用的端口号 */
my_addr.sin_addr.s_addr = INADDR_ANY;    /* 填入本机 IP 地址 */
```

通过将 my_addr.sin_port 设置为 0,函数会自动为用户选择一个未被占用的端口来使用。同样,通过将 my_addr.sin_addr.s_addr 设置为 INADDR_ANY,系统会自动填入本机 IP 地址。

在使用 bind 函数时,需要将 sin_port 和 sin_addr 转换为网络字节优先顺序。计算机数据存储有两种字节优先顺序:高位字节优先和低位字节优先。互联网上的数据以高位字节优先顺序在网络上传输,所以对于在内部以低位字节优先方式存储数据的机器,在互联网上传输数据时需要进行转换,否则就会出现数据不一致的现象。

以下是几个字节顺序转换函数:
- htonl():把 32 位值从主机字节序转换成网络字节序;
- htons():把 16 位值从主机字节序转换成网络字节序;
- ntohl():把 32 位值从网络字节序转换成主机字节序;
- ntohs():把 16 位值从网络字节序转换成主机字节序。

bind 函数在成功被调用时返回 0,出现错误时返回 −1 并将 errno 设置为相应的错误号。

需要注意的是,在调用 bind 函数时一般不要将端口号设置为小于 1024 的值,因为 1∼1024 是保留端口号,用户可以选择大于 1024 的任何一个没有被占用的端口号。

(4) 连接建立

面向连接的用户程序使用 connect 函数来配置 socket,并与远端服务器建立一个 TCP 连接,其函数原型为

```
int connect(int sockfd, struct sockaddr * serv_addr, int addrlen);
```

其中,sockfd 是 socket 函数返回的 socket 描述符;serv_addr 是包含远端主机 IP 地址和端口号的指针;addrlen 是远端地址结构的长度。connect 函数在出现错误时返回 −1,并将 errno

设置为相应的错误码。进行用户端程序设计时无须调用 bind 函数,此时只需知道目的机器的 IP 地址,而不需要知道用户通过哪个端口与服务器建立连接,socket 执行体为用户的程序自动选择一个未被占用的端口,并通知程序数据什么时候到达端口。

connect 函数启动和远端主机的直接连接。只有面向连接的用户程序使用 socket 时才需要将此 socket 与远端主机相连,无连接协议从不建立直接连接。面向连接的服务器也从不启动一个连接,它只是被动地在协议端口监听用户的请求。listen 函数使 socket 处于被动的监听模式,并为该 socket 建立一个输入数据队列,将到达的服务请求保存在此队列中,直到程序处理它们,listen 函数原型为

$$\text{int listen(int sockfd, int backlog);}$$

其中,sockfd 是 socket 系统调用返回的 socket 描述符;backlog 指定请求队列中允许的最大请求数,进入的连接请求将在队列中等待 accept 函数,backlog 对队列中等待服务的请求数目进行了限制,大多数系统缺省值为 20。如果一个服务请求到来时,输入队列已满,该 socket 将拒绝连接请求,用户将收到一个出错信息。当出现错误时 listen 函数返回 −1,并置相应的 errno 错误码。

accept 函数令服务器接收用户的连接请求。在建立好输入队列后,服务器调用 accept 函数,然后睡眠并等待用户的连接请求,accept 函数原型为

$$\text{int accept(int sockfd, void * addr, int * addrlen);}$$

其中,sockfd 是被监听的 socket 描述符,addr 通常是一个指向 sockaddr_in 变量的指针,该变量用来存放提出连接请求服务的主机的信息(某台主机从某个端口发出该请求);addrlen 通常为一个指向值为 sizeof(struct sockaddr_in) 的整型指针变量。出现错误时,accept 函数返回 −1,并置相应的 errno 错误码。当 accept 函数监视的 socket 收到连接请求时,socket 执行体将建立一个新的 socket,执行体将这个新的 socket 和请求连接进程的地址联系起来,收到服务请求的初始 socket 仍可以继续在以前的 socket 上监听,同时可以在新的 socket 描述符上进行数据传输操作。

(5) 数据传输

send 和 recv 这两个函数用于在面向连接的 socket 上进行数据传输。

send 函数原型为

$$\text{int send(int sockfd, const void * msg, int len, int flags);}$$

其中,sockfd 是用来传输数据的 socket 描述符;msg 是一个指向要发送数据的指针;len 是以字节为单位的数据的长度;flags 一般情况下设置为 0(该参数的用法可参照 man 手册)。

send 函数返回实际上发送出的字节数,可能会少于用户希望发送的数据。在程序中应将 send 函数的返回值与希望发送的字节数进行比较,当 send 函数的返回值与 len 不匹配时,应对这种情况进行处理:

char * msg = "Hello!";

int len, bytes_sent;

......

len = strlen(msg);

bytes_sent = send(sockfd, msg,len,0);

......

recv 函数原型为

int recv(int sockfd,void ∗ buf,int len,unsigned int flags);

其中,sockfd 是接收数据的 socket 描述符;buf 是存放接收数据的缓冲区;len 是缓冲的长度,flags 一般设置为 0,recv 函数返回实际上接收的字节数,当出现错误时,返回−1 并置相应的 errno 错误码。

sendto 函数和 recvfrom 函数用于在无连接的数据报式 socket 下进行数据传输。由于本地 socket 并没有与远端机器建立连接,因此在发送数据时应指明目的地址。

sendto 函数原型为

int sendto(int sockfd, const void ∗ msg,int len,unsigned int flags,
          const struct sockaddr ∗ to, int tolen);

该函数比 send 函数多了两个参数,其中,to 表示目的机的 IP 地址和端口号信息,而 tolen 常常被赋值为 sizeof(struct sockaddr),sendto 函数返回实际发送的数据的字节长度,在出现发送错误时返回−1。

recvfrom 函数原型为

int recvfrom(int sockfd,void ∗ buf,int len,unsigned int flags,
            struct sockaddr ∗ from,int ∗ fromlen);

其中,from 是一个 struct sockaddr 类型的变量,该变量保存源机的 IP 地址及端口号,fromlen 常置为 sizeof(struct sockaddr)。当 recvfrom 函数返回时,fromlen 包含实际存入 from 中的数据字节数,recvfrom 函数返回接收到的字节数,当出现错误时,返回−1 并置相应的 errno 错误码。

当对数据报式 socket 调用了 connect 函数时,用户也可以利用 send 函数和 recv 函数进行数据传输,但该 socket 仍然是数据报式 socket,并且利用传输层的 UDP 服务,但在发送或接收数据报时,内核会自动为其加上目的地和源地址信息。

(6) 结束传输

所有的数据操作结束以后,用户可以调用 close 函数来释放该 socket,从而停止在该 socket 上的任何数据操作:

close(sockfd);

用户也可以调用 shutdown 函数来关闭该 socket,该函数只允许停止在某个方向上的数据传输,而另一个方向上的数据传输继续进行,可以用于关闭某 socket 的写操作而允许继续在该 socket 上接收数据,直至读入所有数据,shutdown 函数原型为

int shutdown(int sockfd,int how);

其中,sockfd 是需要关闭的 socket 的描述符,参数 how 允许为 shutdown 操作选择以下几种方式:

① 0——不允许继续接收数据;

② 1——不允许继续发送数据;

③ 2——不允许继续发送和接收数据。

以上均为允许则调用 close 函数。

shutdown 函数在操作成功时返回 0,在出现错误时返回−1 并置相应 errno 错误码。

对于 TCP,操作流程如图 5-113 所示。

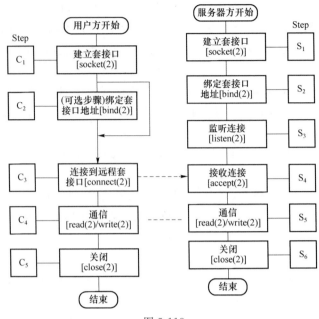

图 5-113

2. UDP

（1）UDP 简介

UDP(User Datagram Protocol)即用户数据报协议,主要用于支持那些需要在计算机之间传输数据的网络应用,包括网络视频会议系统在内的众多用户/ 服务器模式的网络应用都需要使用 UDP。UDP 是一项非常实用和可行的网络传输层协议,与 TCP(传输控制协议)一样,UDP 直接位于 IP(国际协议)的顶层。根据 OSI(开放系统互联)参考模型,UDP 和 TCP 都属于传输层协议。UDP 的主要作用是将网络数据流量压缩成数据报的形式。一个典型的数据报就是一个二进制数据的传输单位。每一个数据报的前 8 字节用来包含报头信息,其余字节则用来包含具体的传输数据。UDP 报头由 4 个域组成,其中每个域各占用 2 字节,如图 5-114 所示。

图 5-114

UDP 使用端口号为不同的应用保留其各自的数据传输通道,UDP 和 TCP 采用这一机制实现对同一时刻内多项应用同时发送和接收数据的支持。数据发送方(可以是用户端或服务器端)将 UDP 数据报通过源端口发送出去,数据接收方则通过目标端口接收数据。有些网络应用只能使用为其预留或注册的静态端口,有些网络应用则可以使用未被注册的动态端口。由于 UDP 报头使用 2 字节存放端口号,因此端口号的有效范围是 0～65535。一般来说,大于 49151 的端口号都代表动态端口。数据报的长度是指包括报头和数据部分在内的总的字节数。由于报头的长度是固定的,因此该域主要用于计算可变长度的数据部分(又称数据负载)。数据报的最大长度根据工作环境的不同而各异。从理论上说,包含报头在内的数据报的最大长度为 65 535 字节,一些实际应用往往会限制数据报的大小,有时会降到 8 192 字节。

UDP 使用报头中的校验值来保证数据的安全。校验值首先在数据发送方通过特殊的算法计算得出,在传递到接收方后,还需要重新计算。如果某个数据报在传输过程中被第三方篡改或者由于线路噪音等原因损坏,发送方和接收方的校验值将会不一致,由此 UDP 可以检测是否出错。在 UDP 中校验功能是可选的,如果将其关闭可以使系统的性能有所提升,这与 TCP 不同,TCP 要求必须具有校验值。

（2）UDP 和 TCP 的区别

UDP 和 TCP 的主要区别在于二者如何实现信息的可靠传递。TCP 中包含专门的传递保证机制,当数据接收方收到发送方传来的信息时,会自动向发送方发出确认信息,发送方只有在接收到该信息后才继续传送其他信息,否则将一直等待直到收到确认信息为止。与 TCP 不同,UDP 并不提供数据传送的保证机制,如果在从发送方到接收方的传递过程中出现数据报的丢失,协议本身并不能做出任何检测或提示,因此,通常把 UDP 称为不可靠的传输协议。

UDP 与 TCP 的另一个不同之处在于如何接收突发性的多个数据报,不同于 TCP,UDP 并不能确保数据的发送和接收顺序。例如,一个位于用户端的应用程序向服务器发出了 4 个数据报 D1,D22,D333,D4444,但是 UDP 有可能按照以下顺序将所接收的数据提交到服务端应用:D333,D1,D4444,D22。事实上,UDP 的这种乱序性很少出现,通常只有在网络非常拥挤的情况下才有可能发生。

（3）UDP 的应用

虽然 UDP 是一种不可靠的网络协议,但在有些情况下 UDP 可能会变得非常有用。UDP 相较 TCP 具有很大的速度优势。虽然 TCP 中植入了各种安全保障功能,但是在实际执行的过程中会占用大量的系统开销,无疑会使速度受到严重的影响。UDP 排除了信息可靠传递机制,将安全和排序等功能移交上层应用来完成,极大地降低了执行时间,使速度得到了保证。关于 UDP 的最早规范是 RFC768,于 1980 年发布。UDP 至今仍然在主流应用中发挥着作用,包括视频电话会议系统在内的许多应用都证明了 UDP 的存在价值,因为相对于可靠性来说,这些应用更加注重实际性能,所以为了获得更好的使用效果（如更高的画面帧刷新速率）,往往可以牺牲一定的可靠性（如会面质量）。根据不同的环境和特点,UDP 和 TCP 这两种传输协议都将在今后的网络中发挥更加重要的作用。

关于套接口更详细的介绍请自行查阅相关书籍资料。

实验步骤:

① 硬件连接:按照实验 1 的步骤,连接宿主 PC 和一台 PXA270-EP 目标板。

② 编译测试程序。在宿主 PC 端打开终端窗口,输入以下 8 条命令:

① `cp /pxa270_linux/Supply/Transfer /home -arf`

② `cd /home/Transfer/Client/Filetransfers`

③ `make clean`　　　　 /＊清除前 5 个文件,清后 fileclient 和 fileclient.o 删掉＊/

④ `make`　　　　 /＊编译用户端测试程序＊/

⑤ `cd /home/Transfer/Server/Filetransfers`

⑥ `make clean`　　　　 /＊清除前 6 个文件,清后 fileclient 和 fileclient.o 删掉＊/

⑦ `make`　 /＊编译服务器端测试程序,再生成 2 个新文件 fileclient 和 fileclient.o＊/

⑧ `./fileserver`　　 /＊在宿主 PC 端运行测试程序,如图 5-115 所示＊/

注意:如果没有输入 make clean 命令,只输入 make 命令之后出现"make:Nothing to be done for 'all'."信息,说明文件已经编译过,可以继续。

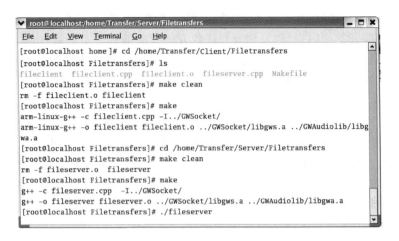

图 5-115

③ 在 PXA270-EP 目标板运行测试程序。在超级终端输入以下 7 条命令：

① root

② mount − o soft, timeo = 100, rsize = 1024 192.168.0.100:/ /mnt

③ cp /mnt/home/Transfer/Client /tmp − a

④ cd /tmp/ Client/Filetransfers

⑤ ./fileclient

⑥ hello.txt   / * 输入需要传输的文件名 hello.txt * /

⑦ ls

在 PXA270-EP 目标板上运行测试程序的过程中，按照提示，输入要接收的文件名称（如 hello.txt），可以看到下载成功的提示信息，在 Client/Filetransfers 目录下可以看到 hello.txt 文件，如图 5-116 和图 5-117 所示。按"Ctrl＋C"可退出。

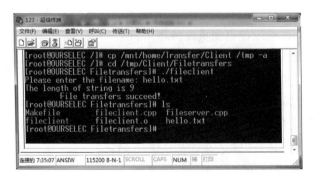

图 5-116

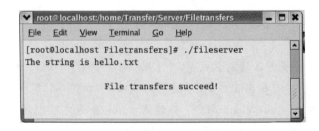

图 5-117

实验注意事项:本实验中,socket 套接口是用来进行进程间通信以及网络传输的重要工具,Linux 提供了很多函数对套接口进行操作,网络编程便是基于这些函数的,实验者应熟悉上述内容。

实验作业:

本实验通过网络实现了文件的传输,在此基础上,思考以下问题:

① 什么是 socket? 它包括哪些内容? 在什么情况下使用? 使用过程中需要注意的问题有哪些?

② TCP 和 UDP 的区别是什么?

实验 25　多线程应用实验

实验目的:了解多线程程序设计的基本原理,学习 pthread 库函数的使用。

实验内容:读懂 pthread.c 的源代码,熟悉几个重要的 pthread 库函数的使用,掌握共享锁和信号量的使用方法。

预备知识:C 语言的基础知识,掌握 Linux 下常用编辑器的使用,掌握 Makefile 的编写和使用,掌握 Linux 下程序编译与交叉编译的过程。

实验设备:

① 一套 PXA270-EP 嵌入式实验箱。

② 安装 RedHat 9.0 且配置好 ARM Linux 开发环境的宿主 PC。

实验原理及说明:

1. 多线程程序的优缺点

多线程程序作为一种多任务、并发的工作方式,具有以下优点。

① 提高应用程序响应。这对图形界面的程序尤其有意义,若一个操作耗时很长,整个系统都会等待这个操作,此时程序不会响应键盘、鼠标、菜单的操作,而使用多线程技术,将耗时长的操作置于一个新的线程,可以避免这种情况。

② 使多 CPU 系统更加有效。操作系统会保证当线程数不大于 CPU 数目时,不同的线程运行于不同的 CPU 上。

③ 改善程序结构。一个既长又复杂的进程可以分为多个线程,成为几个独立或半独立的运行部分,这样的程序会有利于理解和修改,libc 中的 pthread 库提供了大量的 API 函数,为用户编写应用程序提供支持。

2. 实验 pthread.c 源代码结构流程图

本实验为著名的生产者-消费者问题模型的实现,主程序中分别启动生产者线程和消费者线程。生产者线程顺序地将数字 0～1 000 写入共享的循环缓冲区,同时消费者线程不断地从共享的循环缓冲区读取数据,流程图如图 5-118 所示。

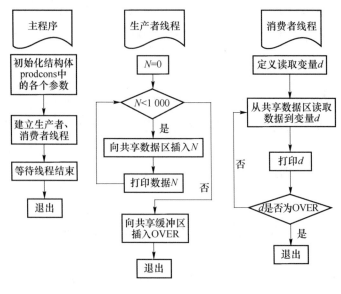

图 5-118

3. 生产者写入共享的循环缓冲区时使用的函数 PUT

```
void put(struct prodcons * b, int data)
{
pthread_mutex_lock(&b->lock);                      //获取互斥锁
while ((b->writepos + 1) % BUFFER_SIZE == b->readpos) {
                                                   //如果读写位置相同
pthread_cond_wait(&b->notfull, &b->lock);          //等待状态变量 b->notfull,
                                                       不满则跳出阻塞
}
b->buffer[b->writepos] = data;                     //写入数据
b->writepos++;
if (b->writepos >= BUFFER_SIZE) b->writepos = 0;
pthread_cond_signal(&b->notempty);                 //设置状态变量
pthread_mutex_unlock(&b->lock);                    //释放互斥锁
}
```

4. 消费者读取共享的循环缓冲区时使用的函数 GET

```
int get(struct prodcons * b)
{
int data;
pthread_mutex_lock(&b->lock);                      //获取互斥锁
while (b->writepos == b->readpos) {                //如果读写位置相同
pthread_cond_wait(&b->notempty, &b->lock);
        //等待状态变量 b->notempty,不空则跳出阻塞,否则无数据可读
}
data = b->buffer[b->readpos];                      //读取数据
```

b－＞readpos＋＋；

if（b－＞readpos ＞ ＝ BUFFER_SIZE）b－＞readpos ＝ 0；

pthread_cond_signal(&b－＞notfull);　　　　　　//设置状态变量

pthread_mutex_unlock(&b－＞lock);　　　　　　//释放互斥锁

return data；

}

5. 生产、消费流程图

生产、消费流程图如图 5-119 所示。

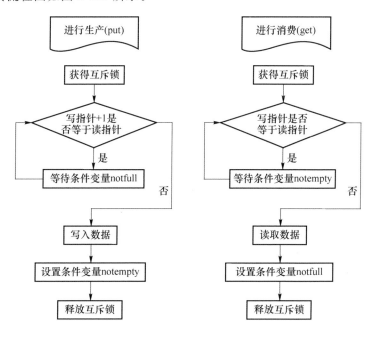

图 5-119

6. 主要的多线程 API 函数

• 线程创建函数：

int pthread_create (pthread_t ＊ thread_id, __const pthread_attr_t ＊ __attr,

　　　　　　void ＊（ ＊__start_routine）（void ＊）, void ＊__restrict __

　　　　　　arg）；

• 获得父进程 ID：

pthread_t pthread_self (void)；

• 测试两个线程号是否相同：

int pthread_equal (pthread_t __thread1, pthread_t __thread2)；

• 线程退出：

void pthread_exit (void ＊ __retval)；

• 等待指定的线程结束：

int pthread_join (pthread_t __th, void ＊ ＊__thread_return)；

• 互斥量初始化：

pthread_mutex_init (pthread_mutex_t ＊,__const pthread_mutexattr_t ＊)；

- 销毁互斥量：

int pthread_mutex_destroy (pthread_mutex_t * __mutex);

- 再试一次获得对互斥量的锁定(非阻塞)：

int pthread_mutex_trylock (pthread_mutex_t * __mutex);

- 锁定互斥量(阻塞)：

int pthread_mutex_lock (pthread_mutex_t * __mutex);

- 解锁互斥量：

int pthread_mutex_unlock (pthread_mutex_t * __mutex);

- 条件变量初始化：

int pthread_cond_init (pthread_cond_t * __restrict __cond, __const pthread_
                   condattr_t * __restrict __cond_attr);

- 销毁条件变量 COND：

int pthread_cond_destroy (pthread_cond_t * __cond);

- 唤醒线程等待条件变量：

int pthread_cond_signal (pthread_cond_t * __cond);

- 等待条件变量(阻塞)：

int pthread_cond_wait(pthread_cond_t * __restrict __cond, pthread_mutex_t * __
               restrict __mutex)

- 在指定的时间到达前等待条件变量：

int pthread_cond_timedwait (pthread_cond_t * __restrict __cond, pthread_mutex_t
                     * __restrict __mutex, __const struct timespec * __
                   restrict __abstime);

除上述函数外,pthread 库中还有大量的 API 函数,读者可以参考其他相关书籍。

7. 主要函数说明

(1) pthread_create 函数

此函数即线程创建函数,其函数原型为

int pthread_create (pthread_t * thread_id, __const pthread_attr_t * __attr,
                  void * (* __start_routine) (void *), void * __restrict __arg);

    线程创建函数第一个参数为指向线程标识符的指针,第二个参数用来设置线程属性,第三个参数是线程运行函数的起始地址,最后一个参数是运行函数的参数。本实验中的函数 thread 不需要参数,所以最后一个参数设为空指针,第二个参数也设为空指针,这样将生成默认属性的线程。当创建线程成功时,函数返回 0,否则说明创建线程失败,常见的错误返回代码为 EAGAIN 和 EINVAL,前者表示系统限制创建新的线程,如线程数目过多,后者表示第二个参数代表的线程属性值非法。创建线程成功后,新创建的线程运行第三个和第四个参数确定的函数,原来的线程则继续运行下一行代码。

    (2) pthread_join 函数

pthread_join 函数用来等待一个线程的结束,其函数原型为

        int pthread_join (pthread_t __th, void * * __thread_return);

其中,第一个参数为被等待的线程标识符,第二个参数为一个用户定义的指针,它可以用来存储被等待线程的返回值。这个函数是一个线程阻塞的函数,调用它的函数将一直等到被等待

的线程结束为止,当函数返回时,被等待线程的资源被收回。

（3）pthread_exit 函数

一个线程的结束有两种途径,一种如上所述,函数结束了,调用它的线程也就结束了;另一种途径是通过函数 pthread_exit 来实现,它的函数原型为

$$void\ pthread\_exit\ (void\ *\ \_\_retval);$$

其中唯一的参数是函数的返回代码,只要 pthread_join 中的第二个参数 thread_return 不是 NULL,这个值将被传递给 thread_return。最后要说明的是,一个线程不能被多个线程等待,否则第一个接收到信号的线程成功返回,其余调用 pthread_join 的线程返回错误代码 ESRCH。

8. 条件变量

使用互斥锁可实现线程间数据的共享和通信,互斥锁一个明显的缺点是它只有两种状态:锁定和非锁定。条件变量通过允许线程阻塞和等待另一个线程发送信号的方法弥补了互斥锁的不足,它常和互斥锁一起使用。使用时,条件变量用于阻塞一个线程,当条件不满足时,线程往往解开相应的互斥锁并等待条件发生变化,一旦其他的某个线程改变了条件变量,它将通知相应的条件变量唤醒一个或多个正被此条件变量阻塞的线程,这些线程将重新锁定互斥锁并重新测试条件是否满足。一般来说,条件变量用于进行线程间的同步。

（1）pthread_cond_init 函数

条件变量的结构为 pthread_cond_t,函数 pthread_cond_init 用于初始化一个条件变量,其原型为

int pthread_cond_init (pthread_cond_t * cond, __const pthread_condattr_t * cond_attr);

其中,cond 是一个指向结构 pthread_cond_t 的指针,cond_attr 是一个指向结构 pthread_condattr_t的指针。结构 pthread_condattr_t 是条件变量的属性结构,和互斥锁一样可以用于设置条件变量是进程内可用还是进程间可用,默认值是 PTHREAD_PROCESS_PRIVATE,即此条件变量被同一进程内的各个线程使用。初始化条件变量只有未被使用时才能重新初始化或被释放。释放一个条件变量的函数为 pthread_cond_ destroy(pthread_cond_t cond)。

（2）pthread_cond_wait 函数

pthread_cond_wait 函数使线程阻塞在一个条件变量上,其函数原型为

extern int pthread_cond_wait(pthread_cond_t * __restrict__cond,pthread_mutex_t * __restrict__mutex);

线程解开 mutex 指向的锁并被条件变量 cond 阻塞。线程可以被函数 pthread_cond_signal 和函数 pthread_cond_broadcast 唤醒,但要注意的是,条件变量只是起阻塞和唤醒线程的作用,具体的判断条件还需用户给出,如一个变量是否为 0 等。线程被唤醒后,它将重新检查判断条件是否满足,如果还不满足,一般来说线程应该仍阻塞在这里,等待下一次被唤醒,这个过程一般用 while 语句实现。

（3）pthread_cond_timedwait 函数

另一个用于阻塞线程的函数是 pthread_cond_timedwait,其原型为

extern int pthread_cond_timedwait __P (pthread_cond_t * __cond,pthread_mutex_t * __mutex, __const struct timespec * __abstime);

它比函数 pthread_cond_wait 多了一个时间参数,经历 abstime 段时间后,即使条件变量不满

足,阻塞也被解除。

(4) pthread_cond_signal 函数

pthread_cond_signal 函数的原型为

    extern int pthread_cond_signal (pthread_cond_t * __cond);

此函数用于释放被阻塞在条件变量 cond 上的一个线程。多个线程阻塞在此条件变量上时,哪一个线程被唤醒由线程的调度策略决定。需要注意的是,必须用保护条件变量的互斥锁来保护这个函数,否则条件满足信号有可能在测试条件和调用 pthread_cond_wait 函数之间被发出,从而造成无限制的等待。

实验步骤:

① 在宿主 PC 上编译测试程序,打开终端窗口,输入以下 3 条命令:

① cp /pxa270_linux/Supply/Pthread /home/ -arf

② cd /home /Pthread

③ make   / * 编译测试程序,如图 5-120 所示 * /

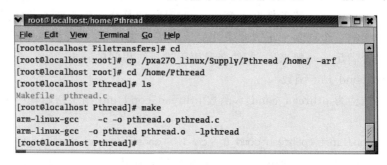

图 5-120

② 在 PXA270-EP 目标板运行测试程序,在超级终端上输入以下 4 条命令:

① root

② mount − o soft, timeo = 100, rsize = 1024 192.168.0.100:/ /mnt

③ cd /mnt/home/Pthread

④ ./pthread   / * 运行测试程序的目标程序,如图 5-121 所示 * /

运行测试程序,可以看到运行结果,若显示结果太快,可以用命令"/pthread ＞pthread.txt"输出显示结果到 pthread.txt 文件,然后再用命令"cat pthread.txt"查看文件内容,结合程序分析结果。

实验注意事项:本实验过程中,请实验者注意共享锁和信号量的使用方法。

实验作业(多选一):

① 利用多线程技术实现键盘和触摸屏共同控制,完成图形在 LCD 液晶屏上显示的可移动。

② 利用多线程技术实现键盘控制,完成在数码管显示数字、在 LCD 液晶屏上显示对应的条纹数、在 LED 点阵扫描行数。

③ 为增强对驱动程序的理解,实现多个应用的融合,根据前面所做的实验,将 A/D、D/A、LCD 显示、键盘控制、触摸屏等功能结合起来,综合设计编译一个程序。

图 5-121

实验 26　USB 摄像头驱动与视频采集实验

实验目的：了解摄像头驱动程序，学习视频采集。

实验内容：进行视频采集。

实验设备：

① 一套 PXA270-EP 嵌入式实验箱。

② 安装 RedHat 9.0 且配置好 ARM Linux 开发环境的宿主 PC。

实验原理及说明：

Video4Linux（简称 V4L）是 Linux 中关于视频设备的内核驱动，它为针对视频设备的应用程序编程提供一系列接口函数，这些视频设备包括 TV 卡、视频捕捉卡和 USB 口摄像头等。对于 USB 口摄像头，其驱动程序中需要提供基本的 I/O 操作接口函数 open、read、write、close 的实现，包括对中断处理的实现，内存映射功能以及对 I/O 通道的控制接口函数 ioctl 的实现等，并把它们定义在 struct file_operations 中。当应用程序对设备文件进行 open、close、read、write 等系统调用操作时，Linux 内核将通过 file_operations 结构访问驱动程序提供的函数，例如，当应用程序对设备文件执行读操作时，内核将调用 file_operations 结构中的 read 函数。在系统平台上驱动 USB 口数码摄像头时，首先把 USB 控制器驱动模块静态编译进内核，使平台支持 USB 接口，再在需要使用摄像头采集时，使用 insmode 动态加载其驱动模块，这样摄像头就可以正常工作了。

实验步骤：

① 在宿主 PC 端打开终端窗口，配置摄像头驱动需输入以下 2 条命令：

① cd /pxa270_linux/linux

② make menuconfig

调用菜单式的配置内核界面,如图 5-122 所示。

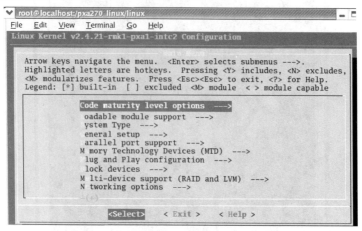

图 5-122

如图 5-123 所示,利用上下键选中"Multimedia devices",再按"Enter"键。

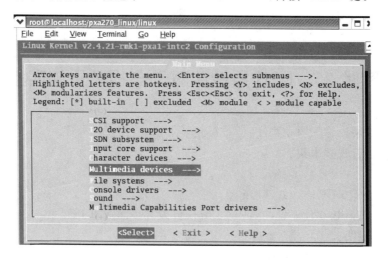

图 5-123

如图 5-124 所示,利用上下键选中"Video For Linux",用空格键选中" * "(为视频采集设备提供编程接口)。

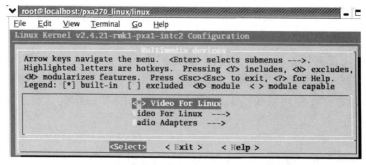

图 5-124

用"Table"键选中"Exit",再按"Enter"键,回到图 5-125 所示 Main Menu 界面后,利用上下键选中"USB support"。

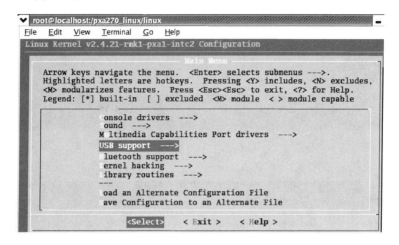

图 5-125

单击"Enter"键,如图 5-126 所示,利用上下键选中"USB OV511 Camera support",再用空格键来选中" * ",这样就会编译入 Linux 内核。此外,还有一种方式,称为动态加载,选中"M",通过 make modules 命令就可以被编译,然后通过 insmod ov511.o 来加载摄像头驱动程序。

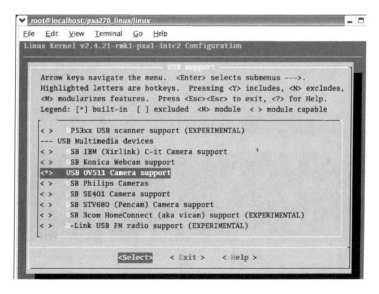

图 5-126

按"Tab"键,选中"Exit",按"Enter"键退出,出现图 5-127 所示界面,选中"Yes",单击"Enter"键保存刚才的配置。

② 按照实验原理及说明,查看驱动代码 ov511.c,了解应用程序的对应位置。在同一终端窗口,输入以下 2 条命令:

① cd drivers/ usb 　　　 /＊如图 5-128 所示,进入[root@localhost　usb]＃ ＊/

② ls

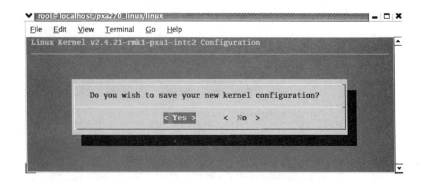

图 5-127

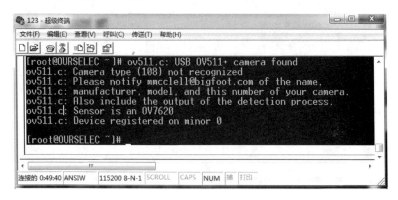

图 5-128

使用 vi 就可以查看程序代码 ov511.c 以及编译好的 ov511.o 文件。在超级终端会出现图 5-129所示的摄像头加载成功信息。

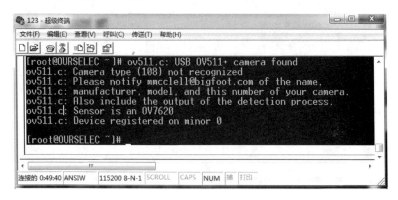

图 5-129

③ 在超级终端上输入以下 4 条命令,如图 5-130 所示:

① root

② mount -o soft, timeo = 100, rsize = 1024 192.168.0.100://mnt

③ cd pxa270_linux/fs/rootfs270/usr/qpe/usb/apps/Applications

④ ls

图 5-130 中,usbcamera.desktop 对应的是开发板上应用程序中的 USB 摄像头,这是一个

驱动测试程序。

图 5-130

④ 在开发板上，用触笔进行定位后，进入系统，可以看到应用程序中 USB 摄像头图标，用触笔在图标上点两下，就会出现视频采集窗口，如图 5-131 所示。

图 5-131

实验参考程序：ov511.c 和 ov511.h。

实验注意事项：本实验过程中，进入开发板上的系统前一定要用触笔定位准确。

实验 27　GPS 实验

实验目的：掌握 GPS 基本概念，在 Linux 下接收 GPS 模块信息。

实验内容：接收 GPS 原始信息，解析 GPS 信息。

预备知识:熟悉开发嵌入式系统基本程序,了解交叉编译等基本概念。

实验设备:

① 一套 PXA270-EP 嵌入式实验箱,GPS 扩展模块。

② 安装 RedHat 9.0 且配置好 ARM Linux 开发环境的宿主 PC。

实验原理及说明:

1. GPS 简介

NAVSTAR/GPS(Navigation System Timing and Ranging/Global Position System)即时距导航系统/全球定位系统,简称 GPS,它是 20 世纪 70 年代由美国陆、海、空三军联合研制的新一代空间卫星导航定位系统,其主要目的是为陆、海、空三大领域提供实时、全天候和全球性的导航服务,并用于情报收集、核爆监测和应急通信等。经过二十多年的研究实验,耗资 300 亿美元,到 1994 年 3 月,全球覆盖率高达 98% 的 24 颗 GPS 卫星星座已布设完成,GPS 是以卫星为基础的无线电导航定位系统。

全球定位系统由以下三部分构成。

① 地面控制部分,由主控站(负责管理、协调整个地面控制系统的工作),地面天线(在主控站的控制下,向卫星注入寻电文),监测站(数据自动收集中心)和通信辅助系统(数据传输)组成。

② 空间部分,由 24 颗卫星组成,分布在 6 个道平面上。

③ 用户装置部分,主要由 GPS 接收机和卫星天线组成。

全球定位系统的主要特点包括:全天候;全球覆盖;三维定速定时高精度;快速省时高效率;应用广泛多功能。

全球定位系统的主要用途如下所述。

① 陆地应用,主要包括车辆导航、应急反应、大气物理观测、地球物理资源勘探、工程测量、变形监测、地壳运动监测、市政规划控制等。

② 海洋应用,包括远洋船最佳航程航线测定、船只实时调度与导航、海洋救援、海洋探宝、水文地质测量以及海洋平台定位、海平面升降监测等。

③ 航空航天应用,包括飞机导航、航空遥感姿态控制、低轨卫星定轨、导弹制导、航空救援和载人航天器防护探测等。

GPS 卫星接收机的种类有很多,根据型号可分为测地型、全站型、定时型、手持型、集成型;根据用途可分为车载式、船载式、机载式、星载式、弹载式。GPS 是一个高精度、全天候和全球性的无线电导航、定位和定时的多功能系统,GPS 技术已经发展成多领域、多模式、多用途、多机型的国际性高新技术产业。GPS 接收机可接收用于授时的、准确至纳秒级的时间信息,用于预报未来几个月内卫星所处概略位置的预报星历,用于计算定位时所需卫星坐标的广播星历(精度为几米至几十米,各个卫星的精度不同且随时变化)以及 GPS 信息(如卫星状况等)。

GPS 接收机对码进行量测就可得到卫星到接收机的距离,由于含有接收机卫星钟的误差及大气传播误差,故称其为伪距。对 0A 码测得的伪距称为 UA 码伪距,精度约为 20 米,对 P 码测得的伪距称为 P 码伪距,精度约为 2 米。

GPS 接收机对收到的卫星信号进行解码或采用其他技术,将调制在载波上的信息去掉后,就可以恢复载波。严格来讲,载波相位应被称为载波拍频相位,它是收到的受多普勒频移影响的卫星信号载波相位与接收机本机振荡产生信号相位之差。一般在接收机钟确定的历元时刻量测,保持对卫星信号的跟踪,便可记录下相位的变化值,但开始观测时接收机和卫星振荡器的相位初值是不知道的,起始历元的相位整数也是不知道的,即整周模糊度,只能在数据处理中作为参数解算。相位观测值的精度高至毫米,但前提是解出整周模糊度,因此只有在相对定位并有一段连续观测值时才能使用相位观测值,而要达到优于米级的定位精度也只能采用相位观测值。

按定位方式,GPS 定位可分为单点定位和相对定位(差分定位)。单点定位就是根据一台接收机的观测数据来确定接收机位置的方式,它只能采用伪距观测值,可用于车、船等的概略导航定位。相对定位(差分定位)是根据两台以上接收机的观测数据来确定观测点之间的相对位置的方法,它既可采用伪距观测值也可采用相位观测值,大地测量或工程测量均应采用相位观测值进行相对定位。

在 GPS 观测值中包含了卫星和接收机的钟差、大气传播延迟、多路径效应等误差,在定位计算时还会受到卫星广播星历误差的影响,在进行相对定位时大部分公共误差被抵消或削弱,因此定位精度将大大提高。双频接收机可以根据两个频率的观测量抵消大气中电离层误差的主要部分,在精度要求高、接收机间距离较远(大气有明显差别)时,应选用双频接收机。

在定位观测时,若接收机相对于地球表面运动,则称其为动态定位,如用于车船等概略导航定位的、精度为 30～100 米的伪距单点定位,用于城市车辆导航定位的、米级精度的伪距差分定位,用于测量放样等的、厘米级的相位差分定位(RTK),实时差分定位需要数据链将两个或多个站的观测数据实时传输到一起计算。在定位观测时,若接收机相对于地球表面静止,则称其为静态定位,在进行控制网观测时,一般采用这种方式由几台接收机同时观测,它能最大限度地发挥 GPS 的定位精度,专用于这种目的的接收机被称为大地型接收机,是接收机中性能最好的一类。目前,GPS 已经能够达到地壳形变观测的精度要求,IGS 的常年观测台站已经能构成毫米级的全球坐标框架。

2. GPS 原理

24 颗 GPS 卫星在离地面 12 000 公里的高空上,以 12 小时为周期环绕地球运行,使得在任意时刻,地面上的任意一点都可以同时观测到 4 颗以上的卫星。

由于卫星的位置精确,在 GPS 观测中可得到卫星到接收机的距离,由三维坐标中的距离公式,利用 3 颗卫星,就可以组成 3 个方程式,解出观测点的位置(X, Y, Z)。考虑到卫星的时钟与接收机时钟之间的误差,实际上有 4 个未知数,X、Y、Z 和钟差,因而需要引入第 4 颗卫星,形成 4 个方程式进行求解,从而得到观测点的经纬度和高程。

事实上,接收机往往可以锁住 4 颗以上的卫星,接收机可按卫星的星座分布分成若干组,每组 4 颗,然后通过算法挑选出误差最小的一组用作定位,从而提高精度。

由于卫星运行轨道、卫星时钟存在误差,大气对流层、电离层对信号的影响以及人为的 SA 保护政策,民用 GPS 的定位精度只有 100 米。为提高定位精度,普遍采用差分 GPS (DGPS)技术,建立基准站(差分台)进行 GPS 观测,利用已知的基准站精确坐标,与观测值进行比较,从而得出一个修正数,并对外发布。接收机收到该修正数后,与自身的观测值进行比较,消去大部分误差,得到一个比较准确的位置。实验表明,利用差分 GPS,定位精度可提高到 5 米。

3. GPS 模块

GPS 模块有很多种,大多数是符合民用标准的,精度在 5～100 米。一般的 GPS 模块上电后,会自动搜索卫星信号,并把计算好的数据从串口输出。大部分 GPS 模块有两个串行接口

（UART），一个用于配置模块，另一个用于输出卫星数据。波特率为 4 800 bit/s 或 9 600 bit/s，高一些的可以达到 38 400 bit/s。

实验步骤：

① 硬件连接。

（a）关掉实验箱 PXA270-EP 目标板电源。

（b）将 GPS 扩展板插入 PXA270-EP 目标板的扩展槽。

（c）将 PXA270-EP 目标板上的靠近串口开关拨至 UP(EX_BT) 位置，SMC CARD 插槽旁边的拨码开关拨至 DW(EX_FW) 位置，如图 5-132 所示。

图 5-132

（d）在扩展板上安装 GPS 天线。将 GPS 天线有金黄色旋钮的一端装在扩展板上靠近 GPS 模块一端的金黄色旋钮上，GPS 天线的另一端则放在室内一水平位置，并将黑色一面朝上。

（e）打开实验箱 PXA270-EP 目标板电源。

② 在宿主 PC 端的终端窗口，输入以下 4 条命令：

① cp /pxa270_linux/Supply/GPS /home - arf

② ifconfig 192.168.0.100 up

③ service nfs restart

④ service nfs restart

③ 在超级终端上输入以下 3 条命令：

① root

② mount - o soft, timeo = 100, rsize = 1024 192.168.0.100:/ /mnt

③ cd /mnt/home/GPS/

④ ./gps   /* 在 PXA270-EP 目标板上运行 GPS 测试程序 */

根据提示，输入"1"，单击"Enter"键，可以看到 GPS 的原始数据信息，如图 5-133 和图 5-134 所示。按"Ctrl+C"可退出。

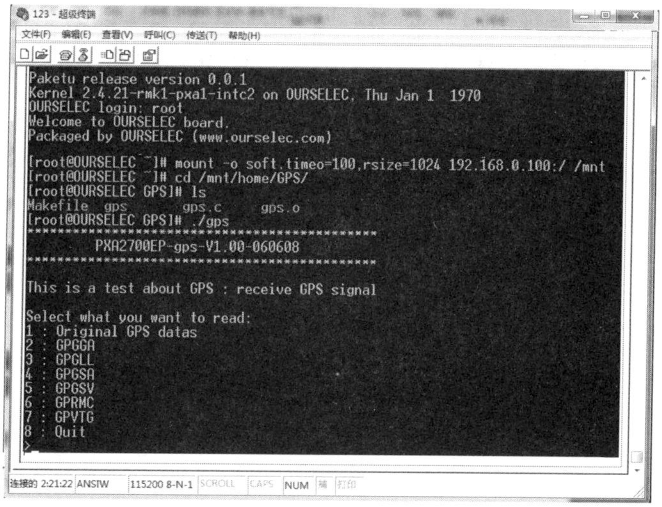

图 5-133

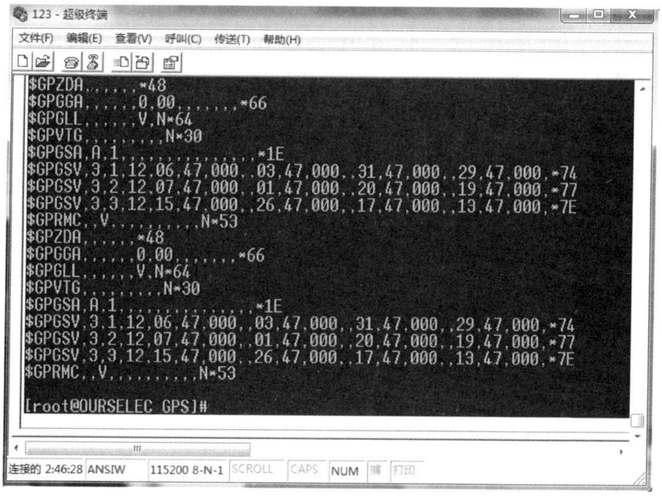

图 5-134

④ 关掉实验箱 PXA270-EP 目标板的电源,将 GPS 扩展板拔出 PXA270-EP 目标板的扩展槽。

实验注意事项:

① 本实验过程中,GPS 天线最好水平放置在空旷的室外,如果天线放置在室内或屏蔽较大的地方,卫星信号会很弱,有可能导致接收不到信号,无法定位。

② 按照实验步骤中硬件连接部分的说明将开关拨至正确的位置,否则将影响测试程序的运行结果。模块在拔插时一定要关掉实验箱电源。

实验总结:本实验实现了完全读取 GPS 最原始的数据信息,并搭建好了整体框架,但没有进行任何的数据分析,如果需要实现更多功能,实验者可以参考 GPS 的数据格式,自行编程实现,Linux 下串口通信的实现是比较复杂的,参考程序只是简单地对它进行了操作,如果想要深入了解,还需要自行编写程序,进一步了解如何全面地控制它。

实验 28　GSM/GPRS 通信实验

实验目的：掌握 GSM/GPRS 基本概念；学习在 Linux 下通过 AT 命令对 GSM/GPRS 模块进行控制；熟悉 Linux 下的串口控制，学会 Linux 下串行程序设计方法。

实验内容：测试 GSM/GPRS 模块是否工作，读取 SIM 卡 ID，拨打电话测试，接收电话测试，发送、接收短信息。

实验设备：

① 一套 PXA270-EP 嵌入式实验箱。

② 安装 RedHat 9.0 且配置好 ARM Linux 开发环境的宿主 PC。

预备知识：熟悉开发嵌入式系统基本程序，了解交叉编译等基本概念。

实验原理及说明：

1. GSM/GPRS 实验原理

（1）GSM/GPRS 简介

GSM(Global System for Mobile Communications)即全球移动通信系统，是 1992 年由欧洲标准化委员会统一推出的，以数字为主的第二代移动电话系统。GSM 采用数字通信技术和统一的网络标准，使通信质量得以保证，是全球最成熟的数字移动电话网络标准之一，GSM 用的是窄带 TDMA，能提供全面的语音、文字和数据业务，并提供短消息服务、语音信箱、呼叫转移等增值业务。

GPRS(General Packet Radio Service)即通用分组无线业务，是在 GSM 系统上发展出来的一种新的分组数据承载业务。GRPS 与 GSM 最根本的区别是，GSM 是一种电路交换系统，而 GPRS 是一种分组交换系统。GPRS 特别适用于间断的、突发性的或频繁的、少量的数据传输，也适用于偶尔的大数据量传输，可以将 GPRS 理解为 GSM 的一个更高层次。

（2）Wavecom GSM/GPRS 模块

本实验使用的 GSM/GPRS 模块是法国 Wavecom 公司设计的 Q2403A 型模块，双波段（900/1 800 MHz）工作，支持通用 AT 命令，可以完成基本的移动数据业务，如电话呼叫与接收，短信收发等。

（3）AT 命令集

AT(ATTENTION)命令集是用于终端机（如 PC）和调制解调器之间通信控制的一组命令。所有 AT 命令都是以 ASCII 字符"AT"开始，并以回车符"CR"或换行符"LF"结束。AT 命令集最初是由 Hayes 公司建立的，是目前调制解调器广泛支持的命令集之一，大部分厂家生产的调制解调器都能执行此 AT 命令集，包括普通调制解调器和无线调制解调器，但厂家之间会有差别，不同厂家使用的 AT 命令不是完全兼容的，有些厂商为了 GPRS 的应用还扩展了 AT 命令集。本开发板使用的 AT 命令集如表 5-7 所示。

表 5-7

功能	AT 命令	描述
厂家认证	AT＋CGMI	获得厂家的标识
模式认证	AT＋CGMM	查询支持频段

续 表

功能	AT 命令	描述
修订认证	AT＋CGMR	查询软件版本
生产序号	AT＋CGSN	查询 IMEI NO.
TE 设置	AT＋CSCS	选择支持网络
查询 IMSI	AT＋CIMI	查询国际移动电话支持认证
卡的认证	AT＋CCID	查询 SIM 卡的序列号
功能列表	AT＋GCAP	查询可供使用的功能列表
重复操作	A/	重复最后一次操作
关闭电源	AT＋CPOF	暂停模块软件运行
设置状态	AT＋CFUN	设置模块软件的状态
活动状态	AT＋CPAS	查询模块当前活动状态
报告错误	AT＋CMEE	报告模块设备错误
键盘控制	AT＋CKPD	用字符模拟键盘操作
拨号命令	ATD	拨打电话号码
挂机命令	ATH	挂机
回应呼叫	ATA	当模块被呼叫时回应呼叫
详细错误	AT＋CEER	查询错误的详细原因
DTMF 信号	AT＋VTD，＋VTS	＋VTD 设置长度，＋VTS 发送信号
重复呼叫	ATDL	重复拨叫最后一次号码
自动拨号	AT％Dn	设备自动拨叫号码
自动接应	ATS0	模块自动接听呼叫
呼入载体	AT＋CICB	查询呼入的模式，DATA 或 FAX 或 SPEECH
增益控制	AT＋VGR，＋VGT	＋VGR 调整听筒增益，＋VGT 调整话筒增益
静音控制	AT＋CMUT	设置话筒静音
声道选择	AT＋SPEAKER	选择不同声道（2 对听筒和话筒）
回声取消	AT＋ECHO	根据场所选择不同回声程度
单音修改	AT＋SIDET	选择不同回声程度
初始声音参数	AT＋VIP	恢复到厂家对声音参数的默认设置
信号质量	AT＋CSQ	查询信号质量
网络选择	AT＋COPS	设置选择网络方式（自动/手动）
网络注册	AT＋CREG	当前网络注册情况
网络名称	AT＋WOPN	查询当前使用网络的提供者
网络列表	AT＋CPOL	查询可供使用的网络
输入 PIN	AT＋CPIN	输入 PIN 码
输入 PIN2	AT＋CPIN2	输入第二个 PIN 码
保存尝试	AT＋CPINC	显示可能的各个 PIN 码
简单上锁	AT＋CLCK	用户可以锁住状态
改变密码	AT＋CPWD	改变各个 PIN 码

功能	AT 命令	描述
选择电话簿	AT+CPBS	选择不同的记忆体上存储的电话簿
读取电话簿	AT+CPBR	读取电话簿目录
查找电话簿	AT+CPBF	查找所需电话簿目录
写入电话簿	AT+CPBW	增加电话簿条目
电话号码查找	AT+CPBP	查找所需电话号码
动态查找	AT+CPBN	查找电话号码的一种方式
用户号码	AT+CNUM	选择不同的本机号码(因网络服务支持不同)
避免电话簿初始化	AT+WAIP	选择是否防止电话簿初始化
选择短消息服务	AT+CSMS	选择是否打开短消息服务以及广播服务
短消息存储	AT+CPMS	选择短消息优先存储区域
短消息格式	AT+CMGF	选择短消息支持格式(TEXT 或 PDU)
保存设置	AT+CSAS	保存+CSCA,+CSMP 参数设置
恢复设置	AT+CRES	恢复+CSCA,+CSMP 参数设置
显示 TEXT 参数	AT+CSDH	显示当前 TEXT 模式下的结果代码
新消息提示	AT+CNMI	选择当有新的短消息来时系统提示方式
读短消息	AT+CMGR	读取短消息
列短消息	AT+CMGL	将存储的短消息列表
发送短消息	AT+CMGS	发送短消息
写短消息	AT+CMGW	写短消息并保存在存储器中
从内存中发短消息	AT+CMSS	发送在存储器中保存的短消息
设置 TEXT 参数	AT+CSMP	设置在 TEXT 模式下的条件参数
删除短消息	AT+CMGD	删除保存的短消息
服务中心地址	AT+CSCA	提供短消息服务中心的号码
选择广播类型	AT+CSCB	选择系统广播短消息的类型
广播标识符	AT+WCBM	读取 SIM 卡中系统广播标识符
短消息位置修改	AT+WMSC	修改短消息位置
短消息覆盖	AT+WMGO	写一条短消息放在第一个空位
呼叫转移	AT+CCFC	设置呼叫转移
呼入载体	AT+CLCK	锁定呼入载体以及限制呼入或呼出
修改 SS 密码	AT+CPWD	修改提供服务密码
呼叫等待	AT+CCWA	控制呼叫等待服务
呼叫线路限定	AT+CLIR	控制呼叫线路认证
呼叫线路显示	AT+CLIP	显示当前呼叫线路认证
已连接线路认证	AT+COLP	显示当前已连接线路认证
计费显示	AT+CAOC	报告当前费用
累计呼叫	AT+CACM	累计呼叫费用
累计最大值	AT+CAMM	设置累计最大值

功能	AT 命令	描述
单位计费	AT+CPUC	设置单位费用以及通话计时
多方通话	AT+CHLD	保持或挂断某一通话线路(支持多方通话)
当前呼叫	AT+CLCC	列出当前呼叫
补充服务	AT+CSSN	设置呼叫增值服务
非正式补充服务	AT+CUSD	非正式的增值服务
保密用户	AT+CCUG	选择是否在保密状态
载体选择	AT+CBST	选择数据传输的类型
选择模式	AT+FCLASS	选择发送数据或传真
服务报告控制	AT+CR	是否报告提供服务
结果代码	AT+CRC	报告不同的结果代码(传输方式、语音或数据)
设备速率报告	AT+ILRR	是否报告当前传输速率
协议参数	AT+CRLP	设置无线连接协议参数
其他参数	AT+DOPT	设置其他的无线连接协议参数
传输速度	AT+FTM	设置传真发送的速度
接收速度	AT+FRM	设置传真接收的速度
HDLC 传输速度	AT+FTH	设置传真发送的速度(使用 HDLC 协议)
HDLC 接收速度	AT+FRH	设置传真接收的速度(使用 HDLC 协议)
停止传输并等待	AT+FTS	停止传真的发送并等待
静音接收	AT+FRS	保持一段静音等待
固定终端速率	AT+IPR	设置数据终端设备速率
其他位符	AT+ICF	设置停止位、奇偶校验位
流量控制	AT+IFC	设置本地数据流量
设置 DCD 信号	AT&C	控制数据载体探测信号
设置 DTR 信号	AT&D	控制数据终端设备准备信号
设置 DSR 信号	AT&S	控制数据设备准备信号
返回在线模式	ATO	返回数据在线模式
结果代码抑制	ATQ	是否模块回复结果代码
DCE 回应格式	ATV	决定数据通信设备回应格式
默认设置	ATZ	恢复到默认设置
保存设置	AT&W	保存所有对模块的软件修改
自动测试	AT&T	自动测试软件
回应	ATE	输入字符是否可见
恢复厂家设置	AT&F	软件恢复到厂家设置
显示设置	AT&V	显示当前一些参数的设置
认证信息	ATI	显示多种模块认证信息
区域环境描述	AT+CCED	用户获取区域参数
自动接收电平显示	AT+CCED	扩展到显示接收信号强度
一般显示	AT+WIND	
在 ME 和 MSC 之间的数据计算模式	AT+ALEA	
数据计算模式	AT+CRYPT	

续表

功能	AT 命令	描述
键盘管理	AT+EXPKEY	
PLMN 上的信息	AT+CPLMN	
模拟数字转换测量	AT+ADC	
模块事件报告	AT+CMER	
选择语言	AT+WLPR	选择可支持的语言
增加语言	AT+WLPW	增加可支持的语言
读 GPIO 值	AT+WIOR	
写 GPIO 值	AT+WIOW	
放弃命令	AT+WAC	用于放弃 SMS、SS 和 PLMN
设置单音	AT+WTONE	设置音频信号（WMOi3）
设置 DTMF 音	AT+WDTMF	设置 DTMF 音（WMOi3）

AT 命令的具体使用可以参考 AT_V8.7.pdf 文件。

2．串口的介绍

串口是计算机常用的接口，连接线少，通信简单，应用广泛。常用的串口是 RS-232-C 接口（EIA RS-232-C），它是 1970 年由美国电子工业协会（EIA）联合贝尔系统、调制解调器厂家和计算机终端生产厂家共同制定的用于串行通信的标准。

（1）基本原理

串行端口的本质功能是作为 CPU 和串行设备间的编码转换器。当数从 CPU 经过串行端口发送出去时，字节数据转换为串行的位，在接收数据时，串行的位被转换为字节数据。串口是系统资源的一部分，应用程序要使用串口进行通信，必须在使用之前向操作系统提出申请（打开串口），通信完成后必须释放资源（关闭串口）。

（2）串口通信的基本任务

① 实现数据格式化。由于来自 CPU 的是普通的并行数据，因此接口电路应具有实现不同串行通信方式下的数据格式化的任务。在异步通信方式下，接口自动生成起止式的帧数据格式，在面向字符的同步方式下，接口要在待传送的数据块前加上同步字符。

② 进行串并转换。串行传送中，数据是一位接一位地传送的，而计算机处理的数据是并行数据，因此当数据由计算机送至数据发送器时，首先要把串行数据转换为并行数据才能送入计算机处理，串并转换是串行接口电路的重要任务。

③ 控制数据传输速率。串行通信接口电路应具有对数据传输速率（波特率）进行选择和控制的能力。

④ 进行错误检测。在发送时，接口电路对传送的字符数据自动生成奇偶校验位或其他校验码。在接收时，接口电路检查字符的奇偶校验位或其他校验码，确定是否发生传送错误。

⑤ 进行 TTL 与 EIA 电平转换。CPU 和终端均采用 TTL 电平及正逻辑，它们与 EIA 采用的电平及负逻辑不兼容，需在接口电路中进行转换。

串行通信可以分为两种类型：同步通信和异步通信。微型计算机中大量使用异步通信，下面详细介绍异步串行 I/O。

（3）异步串行 I/O 原理

异步串行方式是将数据的每个字符一位接一位（如先低位后高位）地传送。数据的各不同位可以分时使用同一传输通道，因此串行 I/O 可以减少信号连线，最少用两线即可。接收方对于同一根线上的一串数字信号,首先要将其分割成位,再按位组成字符。为了恢复发送的信息,双方必须协调工作。在微型计算机中大量使用异步串行 I/O 方式,由于双方使用各自的时钟信号,而且允许时钟频率有一定误差,因此较容易实现。但是,由于每个字符都要独立确定起始和结束(即每个字符都要重新同步),字符间还可能有长度不定的空闲时间,因此效率较低。

　　每个字符的数据位长可以约定为 5 位、6 位、7 位或 8 位,一般采用 ASCII 编码。其后是奇偶校验位,根据约定,用奇偶校验位将所传字符中为"1"的位数凑成奇数个或偶数个,也可以约定不要奇偶校验,这样就可以取消奇偶校验位。最后是表示停止位的"1"信号,停止位可以约定持续为"1"。经过一段随机的时间后,下一个字符开始传送,发出起始位。微型计算机异步串行通信中,常用的波特率为 300,600,1 200,2 400,4 800,9 600,19 200,38 400,57 600,115 200 等。

　　接收方按约定的格式接收数据,并进行检查,可以查出以下三种错误。

　　① 奇偶错:在约定奇偶检查的情况下,接收到的字符奇偶状态和约定不符。

　　② 帧格式错:一个字符从起始位到停止位的总位数不对。

　　③ 溢出错:若先接收的字符尚未被微型计算机读取,后面的字符又传送过来,则产生溢出错。

　　每一种错误都会给出相应的出错信息,提示用户处理。

　　(4) 串口终端函数

　　在 Linux 系统中访问串口,可认为串口是一个文件,可以使用文件系统控制函数实现基本的串口操作,如用 open 函数打开串口,用 read 函数、write 函数来读、写串口,操作完成后,再用 close 函数关闭。

　　① 打开串口,常见的 Linux 下的串口设备为串口 0(/dev/ttyS0),串口 1(/dev/ttyS1)和串口 2(/dev/ttyS2)。本实验使用的是串口 1,以下程序可以打开一个串口:

```
int fd;
fd = open("dev/ttyS1"O_RDWR);
if(fd == -1)
{ printf("提示错误!");
}
```

　　② 设置串口,串口最基本的设置包括波特率设置,检验位和停止位设置。串口的设置主要是设置 struct termios 结构体的各成员值,如下所述。

```
struct termios
{
        unsigned short c_iflag;              / * 输入模式标志 * /
        unsigned short c_oflag;              / * 输出模式标志 * /
        unsigned short c_oflag;              / * 控制模式标志 * /
        unsigned short c_iflag;              / * 本地模式标志 * /
        unsigned short c_line;               / * 线性规程 * /
        unsigned short c_cc[NCC];            / * 控制字符 * /
}
```

　　这个结构体的设置很复杂,可以参考 man 手册,本实验中只考虑常见的一些设置,如下所述。

（a）波特率设置。

```
struct termios options;
tcgetattr(fd,&options);
cfsetispeed(&options,B19200);          /* 设置为 19200 bit/s */
cfsetospeed(&options,B19200);
tcsetattr(fd,TCANOW,&options);
```

（b）检验位设置。

• 无校验 8 位：

```
options.c_cflag & = ~PARENB;
options.c_cflag & = ~CSTOPB;
options.c_cflag & = ~CSIZE;
options.c_cflag | = ~CS8;
```

• 奇校验（odd）7 位：

```
options.c_cflag | = ~PARENB;
options.c_cflag & = ~PARODD;
options.c_cflag & = ~CSTOPB;
options.c_cflag & = ~CSIZE;
options.c_cflag | = ~CS7;
```

• 偶校验（even）7 位：

```
options.c_cflag & = ~PARENB;
options.c_cflag | = ~OARODD;
options.c_cflag & = ~ CSTOPB;
options.c_cflag & = ~CSIZE;
options.c_cflag | = ~CS7;
```

• space 校验 7 位：

```
options.c_cflag & = ~PARENB;
options.c_cflag & = ~CSTOPB;
options.c_cflag & = &~CSIZE;
options.c_cflag | = ~CS8;
```

（c）停止位设置。

• 1 位：

```
options.c_cflag & = ~CSTOPB;
```

• 2 位：

```
options.c_cflag | = CSTOPB;
```

（d）模式设置。

需要注意的是，如果只是用串口传输数据，而不需要串口处理数据，则使用原始模式（raw mode）来通信。

```
options.c_lflag & = ~(ICANON | ECHO | ECHOE | ISIG);        /* 输入 */
options.c_oflag & = ~OPOST;                                 /* 输出 */
```

③ 读写串口，打开串口之后，读写串口就很容易了，把串口当作文件读写即可。

（a）发送数据。

```
char butter[1024];
int Length = 1024;
int nByte;
nByte = write(fd,buffer,Length);
```

（b）读取串口数据。使用 read 函数读取，如果设置用原始模式传输数据，则 read 函数返回的字符数是实际串口收到的字符数。

```
char buff[1024];
int Len = 1024;
int rdadByte = read(fd,buff,Len);
```

此外，也可以使用操作文件的函数来实现异步读取，如使用 fcntl，select 等来操作。

```
fd_set rfds;
struct timeval tv;
int retval;
/ * 下面几行设置要监视进行读写操作的文件集 * /
FD－ZERO(&rfds);                       //文件集清零
FD_SET(ports[portNo].handle,&rfds);   //向集合中添加一个文件句柄
tv.tv_sec = Timeout/1000;             //设置等待的时间
tv.tv_usec = (Timeout % 1000) * 1000;
retval = select(16,&rfds,NULL,NULL,&tv;)  //文件所监视的文件集准备好
if(rdtvel)                             //文件集中有文件在等待时间内准备好
{
        actuaIRead = read(ports[portNo].handle,buf,maxCnt);    //读取数据
}
```

④ 关闭串口，关闭串口就是关闭文件。

```
close(fd);
```

实验步骤：

① 硬件连接。

（a）关掉实验箱 PXA270-EP 目标板的电源。

（b）将 GSM/GPRS 扩展板装入 SIM 卡，具体方法是：翻转该扩展板，按下淡黄色弹簧，将弹出一个有圆孔的黑色卡座，将准备好的 SIM 卡按照正确的方向放入该黑色卡座中，然后再按照原来的位置插回黑色卡座（SIM 卡要求是中国移动卡或中国联通卡，CDMA 卡和小灵通卡不能用）。

（c）将 GSM/GPRS 扩展板插入 PXA270-EP 目标板的扩展槽中。

（d）将 PXA270-EP 目标板上靠近串口的两个开关一个拨至 UP(EX_BT)位置，另一个拨至 UP(EX_FW)位置。SMC CARD 插槽旁边的拨码开关拨至 DW(EX_FW)位置，将 GSM/GPRS 扩展板上的 SW1 和 SW2 均拨至下端，如图 5-135 所示。

（e）将 GSM/GPRS 扩展板天线安装在扩展板的另一个金黄色金属旋钮座上。

（f）打开实验箱 PXA270-EP 目标板的电源。

② 在宿主 PC 端的终端窗口输入以下 4 条命令：

① `ifconfig eth0 192.168.0.100 up`

② `service nfs restart`

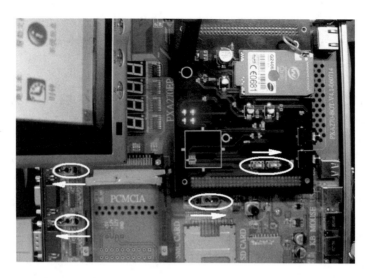

图 5-135

③ service nfs restart

④ cp /pxa270_linux/Supply/GSM /home − arf

③ 在超级终端的 PXA270-EP 目标板界面输入以下 4 条命令：

① root

② mount − o soft, timeo = 100, rsize = 1024 192.168.0.100:/ /mnt

③ cd /mnt/home/GSM

④ ./gsm_gprs　　　　/ * 运行 GPS 测试程序 * /

④ 进行简单的 GSM/GPRS 实验。

（a）根据提示，测试 SIM 卡的 ID 号，输入"2"，单击"Enter"键，如果 SIM 卡安装正确，执行此选项会显示 SIM 卡中 20 位的 ID 号，如图 5-136 所示。

图 5-136

（b）根据提示，拨打电话，输入"3"，单击"Enter"键，将会要求输入要呼叫的号码（输入当地中国移动或中国联通的客服电话，如拨打中国移动客服电话，输入"10086"，单击"Enter"键），即可接通该电话，如图 5-136 所示。若要挂断电话，输入"ATH"，即可将电话挂断，如图 5-137 所示。

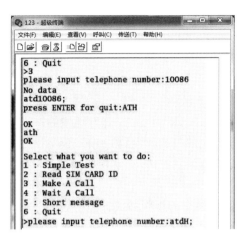

图 5-137

（c）根据提示，等待呼叫，输入"4"，单击"Enter"键，若此时有其他电话呼入，则屏幕会显示 RING 字符，表示本地 GSM/GPRS 扩展板中 SIM 卡的号码正在被呼叫，如图 5-138 所示。

图 5-138

（d）根据提示，还可以通过本模块发送短信。

⑤ 实验完成后，关掉实验箱 PXA270-EP 目标板的电源，将 GSM/GPRS 扩展板拔出 PXA270-EP 目标板的扩展槽。

实验注意事项：本实验过程中，实验者应特别注意开关拨至的位置，区别于 GPS 实验中开关的位置，否则将影响实验的进行。

实验作业：本实验实现了最基本的 GSM/GPRS 功能，但还不完善，如果需要实现更多功能，实验者可以参考 AT 命令，自行编程实现。

实验 29　视频播放器移植

实验目的：了解视频播放器原理，进行视频播放器移植。

实验内容：移植 MPlayer 的程序并对其进行编译，将其移植到 PXA270 开发板上，在开发板上进行视频播放。

实验设备：

① 一套 PXA270-EP 嵌入式实验箱。

② 安装 RedHat 9.0 且配置好 ARM Linux 开发环境的宿主 PC。

预备知识：熟悉 Linux 各组成部分的作用，熟悉 Linux 系统基本操作，熟练掌握 C 语言运用；熟悉 Linux 基本驱动编写的步骤及方法；了解视频播放器移植的基本原理。

实验原理及说明：

MPlayer 是 Linux 下功能最健全的视频播放器之一，基于 0.2.0 版本的 Libmpeg2 函数库编写，因此支持多种图像压缩格式，如 MPG、DAT、BIN、VOB、ASF、WMF、AVI 等。MPlayer 还是一款开源的软件，可以对其进行编译，再移植到 PXA270 开发板上，实现开发板的视频播放功能。

实验步骤：

① 打开实验箱 PXA270-EP 目标板电源。

② MPlayer 的移植。

（a）在宿主 PC 端，选择 VM→Setting→CD/DVD→MPlayer-1.0pre7try2.tar.bz2.iso 光盘。

（b）在宿主 PC 端打开终端窗口，输入以下 4 条命令：

① # ifconfig eth0 192.168.0.100 up

② # service nfs restart

③ # service nfs restart

④ # mount /dev/cdrom/mnt/cdrom

（c）MPlayer 的移植。

源代码包选用 MPlayer-1.0pre7try2.tar.bz2，编译工具选择已安装好的 arm-linux-gcc。将 MPlayer-1.0pre7try2.tar.bz2 复制到工作目录（如目录/opt）下，输入以下 4 条命令：

① #cp /mnt/cdrom/MPlayer – 1.0pre7try2.tar.bz2 /opt

② #cd /opt

③ #tar jxvf MPlayer-1.0pre7try2.tar.bz2　　　　　　　　　/ * 将文件解压缩 * /

④ #cd MPlayer-1.0pre7try2

③ 开始编译。

（a）首先进行配置，命令如下：

```
#./configure --host-cc = gcc --cc = arm-linux-gcc --target = arm-armv4l-linux --
enable-static --prefix = /tmp/mplayer --disable-win32 --disable-dvdread --enable-
fbdev --disable-mencoder --disable-live 2>&1 | tee logfile
```

其中，"--host-cc = gcc"用来编译一些需要在 host 上执行的中间文件，如 codec-cfg。对于

"--cc＝arm-linux-gcc",如果上面没有将 arm-linux-gcc 的位置加入＄PATH 中,则需在这个位置指定绝对路径。"--target＝arm-armv4l-linux"这个参数需要注意的是三部分:第一部分的 arm 指此处 arch 设定为 arm;第二部分的 armv4l 指具体的版本,一定要与 libavcodec 目录下的平台目录名一致,否则此平台的优化代码没办法编译进去;第三部分是系统平台。"--enable-static"是设定静态连接,如果设置了这个参数则不用设置 prefix 且不用执行 make install。最后"2＞&1 | tee logfile"是指将执行情况在输出到屏幕的同时记录到 logfile 文件中。

（b）配置完成后进行编译,执行以下命令:

① ＃make

② ＃ cp /mnt/cdrom/＊.avi /home -arf

在当前目录下就得到 ARM 开发板可执行的 mplayer 文件,大小约为 5 MB,如图 5-139 所示。

```
[root@localhost MPlayer-1.0pre7try2]# ls
asxparser.c        etc           mixer.h          playtreeparser.h
asxparser.h        fifo.c        mixer.o          playtreeparser.o
asxparser.o        find_sub.c    mmx_defs.h       postproc
AUTHORS            find_sub.o    mmx.h            README
bswap.h            get_path.c    m_option.c       spudec.c
cfg-common.h       Gui           m_option.h       spudec.h
cfg-mencoder.h     help          m_option.o       spudec.o
cfg-mplayer-def.h  help_mp.h     mp3lib           sub_cc.c
cfg-mplayer.h      input         mplayer          sub_cc.h
ChangeLog          liba52        mplayer.c        sub_cc.o
codec-cfg          libaf         mplayer.h        subopt-helper.c
codec-cfg.c        libao2        mplayer.o        subopt-helper.h
codec-cfg.h        libavcodec    mplayer_wine.spec subopt-helper.o
```

图 5-139

（c）将上述可执行文件复制到开发板文件系统内,进入超级终端,输入以下 4 条命令:

① root

② cd /mnt

③ mount － o soft, timeo ＝ 100, rsize ＝ 1024 192.168.0.100://mnt

④ cp /mnt/opt/MPlayer － 1.0pre7try2/mplayer /mnt /home

（d）接着可用 MPlayer 播放视频文件,输入以下 2 条命令:

① ＃ cd /mnt/home

② ＃./mplayer ＊.avi

即可在开发板的液晶屏幕上看到播放的视频画面。

实验总结:本实验实现了将 MPlayer 视频播放器移植到 PXA270 开发板上,完成了开发板的视频播放。

实验 30 USB 蓝牙设备无线通信实验

实验目的:了解在 PXA270 平台上实现 USB 蓝牙设备驱动程序的基本原理,了解 Linux 驱动开发的基本过程。

实验内容:了解 USB 蓝牙设备,了解 USB 蓝牙设备应用程序的编写。

预备知识:熟悉开发嵌入式系统基本程序,了解交叉编译等基本概念,了解 Linux 内核中关于设备控制的基本原理。

实验设备:

① 一套 PXA270-EP 嵌入式实验箱。

② 一台安装 Windows 7 操作系统和 RedHat 9.0 且配置好 ARM Linux 开发环境的宿主PC。

③ 两个 USB 蓝牙模块。

实验原理及说明:

1. 蓝牙技术的基本原理

蓝牙(Bluetooth)技术使用高速跳频(FH,Frequency Hopping)和时分多址(TDMA,Time Division Multiple Access)等先进技术,在近距离内最廉价地将几台数字化设备(移动设备,固定通信设备,计算机及其终端设备,数字数据系统如数字照相机、数字摄像机等,家用电器,自动化设备)呈网状链接起来。蓝牙技术将是网络中各种外围设备接口的统一桥梁,它用无线连接消除了设备之间的连线。

蓝牙的主要替代对象是红外线传输和 RS232 串口线传输,红外线接口的传输技术需要电子装置在可视范围内,而以 RS232 串口线连接的设备则难以摆脱线缆和低速的限制,蓝牙技术的出现,让连接变得更方便和简单。

蓝牙技术已成为整个无线移动通信领域的重要组成部分,蓝牙不仅是一个芯片,也是一个近距无线网络,能在移动电话、PDA、无线耳机、笔记本计算机、相关外设等设备之间进行无线信息交换,目前由蓝牙构成的无线个人网已在移动通信领域广泛存在。

蓝牙技术使用高速跳频和时分多址等技术,能在近距离内较方便地将几台数字化设备呈网状链接起来,手机、计算机、PDA、打印机、数码相机、MP3 播放器、MD 播放器等都可以用蓝牙互传或同步语音、文字、图像、文件等资料,而白板纪录仪、投影机等也可以利用蓝牙简化操作。

2. 蓝牙技术的规范及特点

蓝牙的标准是 IEEE 802.15,蓝牙工作在 2.4 GHz 频带,带宽为 1 Mbit/s,以时分方式进行全双工通信,其基带协议是电路交换和分组交换的组合,一个跳频频率发送一个同步分组,每个分组占用一个时隙,使用扩频技术也可扩展到 5 个时隙。同时,蓝牙技术支持 1 个异步数据通道或 3 个并发的同步话音通道,或 1 个同时传送异步数据和同步话音的通道。每一个话音通道支持 64 kbit/s 的同步话音;异步通道支持的最大速率为 721 kbit/s,反向应答速率为 57.6 kbit/s 的非对称连接或 432.6 kbit/s 的对称连接。

根据发射输出电平功率的不同,蓝牙传输有 3 种距离等级:等级 1 约为 100 m,等级 2 约为 10 m,等级 3 约为 2~3 m。一般情况下,蓝牙正常的工作范围是 10 m 之内,在此范围内,可进行多台设备间的互联。

蓝牙技术的特点包括:

* 采用跳频技术,数据包短,抗信号衰减能力强;
* 采用快速跳频和前向纠错方案以保证链路稳定,减少同频干扰和远距离传输时的随机噪声影响;
* 使用 2.4 GHz ISM 频段,无须申请许可证;
* 可同时支持数据、音频、视频信号,采用 FM 调制方式,降低设备的复杂性。

3. 蓝牙匹配规则及使用注意事项

蓝牙技术作为一种标准开放性无线接入技术,用户在使用时必须了解和遵守其标准技术规范。

两个蓝牙设备在进行通信前,必须将其匹配在一起,以保证其中一个设备发出的数据信息只会被经过允许的另一个设备接受。

蓝牙技术将设备分为两种:主设备和从设备。主设备一般具有输入端,在进行蓝牙匹配操作时,用户通过输入端可输入随机的匹配密码来匹配两个设备,蓝牙手机、安装有蓝牙模块的PC 等都是主设备。例如,蓝牙手机和蓝牙 PC 进行匹配时,用户可在蓝牙手机上任意输入一组数字,然后在蓝牙 PC 上输入相同的一组数字,来完成这两个设备之间的匹配。从设备一般不具备输入端,因此从设备在出厂时,在其蓝牙芯片中,固化有一个 4 位或 6 位数字的匹配密码,蓝牙耳机、UD 笔等都是从设备。例如,蓝牙 PC 与 UD 笔匹配时,用户将 UD 笔上的蓝牙匹配密码正确地输入蓝牙 PC 上,完成 UD 笔与蓝牙 PC 之间的匹配。

主设备与主设备、主设备与从设备是可以互相匹配的,而从设备与从设备是无法匹配的。例如,蓝牙 PC 与蓝牙手机可以匹配,蓝牙 PC 也可以与 UD 笔匹配,而 UD 笔与 UD 笔之间是不能匹配的。

一个主设备,根据其类型的不同,可匹配一个或多个其他设备。例如,一部蓝牙手机,一般只能匹配 7 个蓝牙设备,而一台蓝牙 PC,可匹配十多个或数十个蓝牙设备。

在同一时间,蓝牙设备之间仅支持点对点通信。

实验步骤:

① 硬件连接。

(a) 按照实验 1 的步骤,连接宿主 PC 和 PXA270-EP 目标板。

(b) 将 USB 蓝牙模块 A 插入 PXA270-EP 目标板的 USB 插槽(扁口的 USB 槽)中,将USB 蓝牙模块 B 正确插入 Windows 7 PC 的 USB 插槽中。

② 在 Windows 7 PC 上安装实验软件。

(a) 安装软件之前请确认 USB 蓝牙模块都已经插好,如果此前已经有其他蓝牙软件安装在 Windows 7 PC 上,请务必将其完全卸载,再进行 BlueSoleil 的安装。

(b) 在 Windows 7 PC 端安装 USB 蓝牙设备的驱动程序,即 Blue-Soleil 软件,该软件在 D：\ ARM-s \ Bluesoleil \ Bluesoleil_3.2_VoIP_China 目录中,安装完成桌面出现图 5-140 所示图标,严格按照屏幕提示安装软件。

图 5-140

(c) 将光盘中 Bluesoleil 目录下的 tftpd32.322 文件夹复制到Windows 7 PC 端 E 盘下,该软件用来传输文件。

(d) 将光盘中 Bluesoleil 目录下的 Hello.exe 文件复制到 E 盘下,作为 tftpd32.322 软件下载用的源文件。

③ 在 PXA270-EP 目标板上运行测试程序。在宿主 PC 端,打开一个终端窗口,输入以下5 条命令:

① cp /pxa270_linux/Supply/BlueTooth /home/ -arf

② cd /home

③ chmod 777 BlueTooth

④ cd BlueTooth

⑤ chmod 777 *

在超级终端,输入以下 4 条命令:

① root

② mount – o soft, timeo = 100, rsize = 1024 192.168.0.100:/ /mnt

③ cd /mnt/home/BlueTooth

④ ./start.sh

如果能读到实验箱上蓝牙设备的 ID(hci0 00:18:E4:0B:E5:AE),并显示"all service start",实验箱上的蓝牙模块有红灯闪烁,则说明实验箱上模块初始化正常,如图 5-141 所示。

图 5-141

④ 在 Windows 7 PC 开始运行 BlueSoleil。

(a) 鼠标单击桌面上的 BlueSoleil 图标来启动 BlueSoleil 程序,出现图 5-142 所示界面。

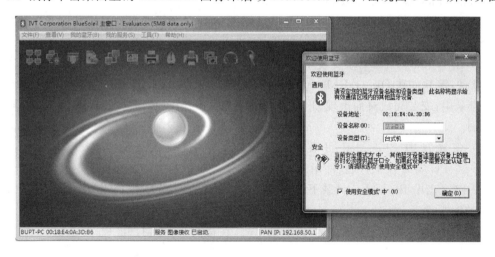

图 5-142

注意:BlueSoleil 能够自动检测每次蓝牙硬件的插入与移除,为能更平稳地使用软件,推荐在插入蓝牙硬件以后再启动程序。

(b) 第一次启动 BlueSoleil,将会有"欢迎使用蓝牙"窗口出现。程序会自动分析系统类型以及名称,作为缺省设置显示在该窗口上,将设备名称改为"BUPT-PC"(自行设置),当其他蓝牙设备查找到计算机时,将会以这些信息和该设备名称显示,蓝牙安全设置默认为中级,也可以手动修改这些信息,然后点击"确定"保存信息并关闭欢迎窗口,开始正式使用 BlueSoleil。

在图 5-142 中,左下角显示的"BUPT-PC 00:18:E4:0A:3D:B6"是 Windows 7 PC 端插入的蓝牙设备的名称和 ID 地址信息,右下角显示的"PAN IP:192.168.50.1"没有分配到 IP 地址,将会在下述步骤中手动设置该 IP 地址,也可以让它自动获取 IP 地址,但为了达到统一性,请按下述步骤进行。

(c)点击开始→控制面板→网络和 Internet→网络和共享中心→更改适配器设置,将出现一个 Bluetooth PAN Network Adaper 的本地连接 2,如图 5-143 所示,右击该网卡→属性→双击 Internet 协议版本 4(TCP/IPv4)→设置该蓝牙网卡的 IP 地址为 192.168.50.50,如图 5-144所示→点击"确定"退出设置窗口。

图 5-143

图 5-144

再切换到 BlueSoleil 主窗口中,此时会看到图 5-142 中的右下角显示"PAN IP:192.168.50.50"信息,这表明该蓝牙网卡已经使用了设置的 IP 地址,下面进行蓝牙设备的搜索。

(d)查找支持蓝牙功能的设备。此操作就是查找插在 PXA270 目标板上的蓝牙模块。

查找前请首先确认想连接的蓝牙设备是否开启,是否具有充足的能源。

在主窗口内,用鼠标单击小球启动设备查找过程,也可以点击菜单栏内的"我的蓝牙",再点击"搜索蓝牙设备",发起查找蓝牙设备过程,实验箱上蓝牙的 ID 为 00:18:E4:0B:E5:AE,如图 5-145 所示。

图 5-145

等待几秒钟以后,在小球周围的轨道上会依次出现一些图标,这些图标就表示所发现的蓝牙设备,直到 BlueSoleil 检测到所发现设备的全部名字。

进入图 5-145 所示的正常状态,右键点击蘑菇图标(00:18:E4:0B:E5:AE),选择设备名称,可以看到轨道上出现了一个名为 zhuanqi 的设备,如图 5-146 所示,这就是要搜索的蓝牙设备(蓝牙个人局域网服务),蘑菇图标显示高亮度(橘黄色),表示该服务已经被启动。如果出现了其他设备,如手机的图标,说明附近几十米内存在具有蓝牙功能的手机,不用理会。

图 5-146

如果未找到想发现的设备,请重新确认该设备是否开启,是否设置为可发现模式,然后重新查找。当再次启动查找过程时,可以点击"我的蓝牙",再点击"搜索蓝牙设备",发起查找过程,之前找到的设备将不会被清除。

(e) 建立两个蓝牙模块之间的连接。如图 5-147 所示,右键点击"连接",再点击"蓝牙个人局域网服务"进行连接,出现对话框,选择"是(Y)"即可,随后进入连接状态,如图 5-148 所示,在该图的状态栏中会显示连接的信息。

图 5-147

图 5-148

由于已经设定了网卡的 IP 地址,因此,该网卡仍然会启用该地址。若连接成功,则如图 5-148 所示,显示 PAN IP 192.168.50.50,在 BlueSoleil 主窗口内该设备的图标将显示为绿色,并且在小球和设备图标之间会出现一条绿色的连线代表连接已经建立,一个红点会沿着这条绿线从客户端向服务端运动,zhuanqi 设备图标的右侧还会出现一条刻度线来表示无线信号的强弱。与此同时,在 Windows 7 窗口系统桌面右下角的任务栏里,BlueSoleil 的图标也会显示为绿色,表示连接已建立。

⑤ 对 PXA270 目标板进行配置。回到宿主 PC 端打开的超级终端窗口中，输入以下命令，如图 5-149 所示：

    ifconfig bnep0 192.168.50.51

该地址必须与 Windows 7 PC 端的蓝牙网卡的 IP 地址在同一个网段中，已将 Windows 7 PC 端的蓝牙网卡的 IP 地址设为 192.168.50.50 。

⑥ 此时两边已经连接成功了，可以使用 ping 命令测试两边是否连通。在超级终端窗口中，输入以下命令，如图 5-149 所示。按"Ctrl＋C"可退出 ping 命令。

    ping 192.168.50.50

图 5-149

⑦ 用 tftpd32 软件测试是否可以传输文件。在 Windows 7 PC 端窗口进行操作，打开安装的 tftpd32.322 软件，执行 tftpd32 应用程序文件。通过"Browse"按钮把"Current Directory"改为"E:\ tftpd32.322"，IP 地址设为蓝牙网卡的 IP 地址，即"192.168.50.50"，如图 5-150 所示。

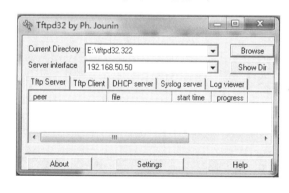

图 5-150

⑧ 在宿主 PC 端的超级终端窗口，输入以下 3 条命令进行操作，如图 5-151 所示：

① cp tftpget.sh busybox /tmp -a

　　/＊ 由于在 PXA270 目标板的/tmp 目录中的操作都是在目标板的内存中进行，因此将在该目录中测试传输文件的操作 ＊/

② cd /tmp

③ ./tftpget.sh Hello.exe 192.168.50.50

　　/＊ 从 IP 地址为 192.168.50.50 的服务器下载名为 Hello.exe 的文件 ＊/

图 5-151

⑨ 在 Windows 7 PC 端,打开 tftpd32 的运行窗口,可以看到 Hello.exe 文件正在从地址为 192.168.50.50 的 Windows 7 PC 端下载到地址为 192.168.50.51 的宿主 PC 端,如图 5-152 所示。

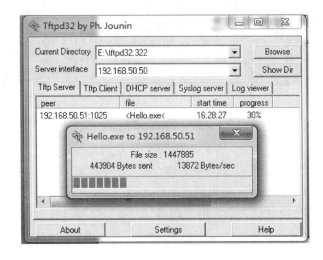

图 5-152

⑩ 在宿主 PC 端的超级终端窗口,输入以下命令进行操作,如图 5-153 所示:

ls -l

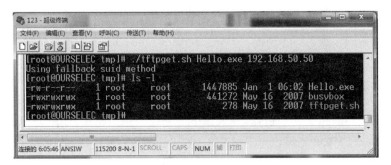

图 5-153

下载完毕后,关闭 tftpd32 窗口,关闭蓝牙:右键单击 zhuanqi 设备的图标→断开蓝牙个人局域网服务→您是否要断开当前连接?→是(Y)→文件→退出。

实验注意事项:

①　本实验过程中,操作步骤比较多,请严格按照实验步骤的先后顺序进行操作,以确保顺利完成本实验。

②　若实验者使用的 USB 蓝牙模块与实验中使用的不是同一种型号,则搜索到的蓝牙设备的名称和地址会与实验中显示的名称和地址有所不同。

实验作业:本实验学习了蓝牙的相关知识,并用 USB 蓝牙模块完成了实验,若实验者还有其他的蓝牙设备,试完成更加复杂的实验。

实验 31　NFS 文件服务器实验

实验目的:搭建 Windows 7 下的文件服务器,实现将 Windows 7 下的文件共享给嵌入式 ARM Linux 操作系统。

实验内容:下载并安装软件 nfsaxe,开启 NFS 服务,完成 Linux 与 Windows 通过 NFS 文件同步。

实验设备:

①　一套 PXA270-EP 嵌入式实验箱。

②　一台安装 Windows 7 操作系统的 PC。

③　一台安装 Windows 7 操作系统和 RedHat9.0 且配置好 ARM Linux 开发环境的宿主 PC。

预备知识:熟悉 Linux 基本驱动编写的步骤及方法,了解 NFS 服务的基本原理。

实验原理及说明:

Linux 系统之间可以很方便地通过 NFS 服务实现文件的共享,但日常生活中最常用的操作系统是 Windows 操作系统。如何搭建 Windows 下的文件服务器,实现将 Windows 下的文件共享给嵌入式 ARM Linux 操作系统呢? 实现 Windows 和 Linux 文件共享的方式大致有两种,一种是开启 Linux 下的 Samba 服务,另一种是在 Windows 下安装第三方的 NFS 服务软件,开启 Windows 和 Linux 之间的 NFS 服务,本实验选取第二种方式。

实验步骤:

①　将连接宿主 PC 的网线连到实验箱的网口上,需将 SD 卡(装有 Linux 操作系统下可执行文件 MPlayer)插在实验箱上,打开超级终端,打开实验箱电源,运行虚拟机,进入 Linux 环境。

②　在任意一台安装 Windows 7 操作系统的 PC 下载并安装软件 nfsaxe,将这台即将开启 NFS 服务的 PC 称为 PC B,将安装有 Windows 7 操作系统和 RedHat Linux 的宿主 PC 称为 PC A。

(a) 在 PC B 安装软件 nfsaxe。将 nfsaxe 文件夹复制到计算机上,进入 nfsaxe 文件夹后,双击 nfsaxe3.7→确定→默认 C:\nfsaxe,选 Unzip→确定→Yes→进入 nfsAxe Setup→Next→Yes→Next→Next→Typical→Next→Next→Finsh,安装过程如图 5-154 至图 5-161 所示。

图 5-154

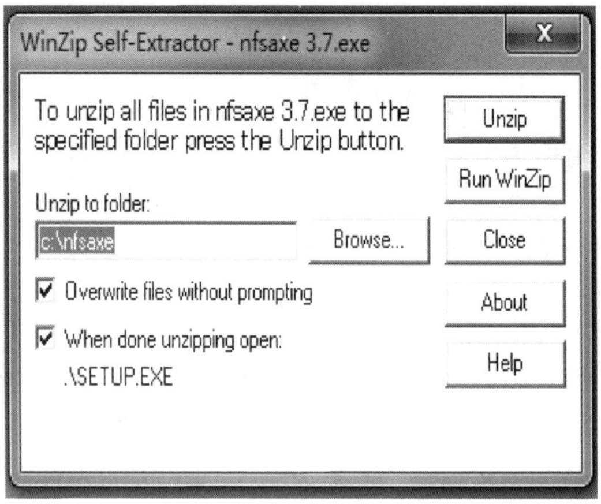

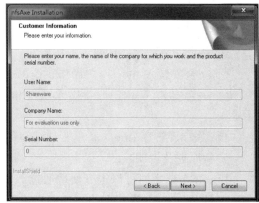

图 5-155

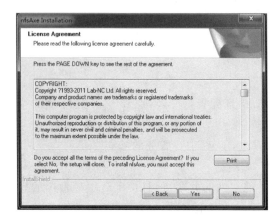

图 5-156

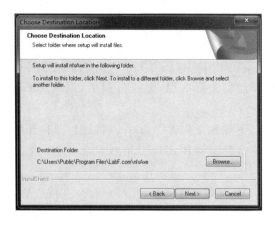

图 5-157

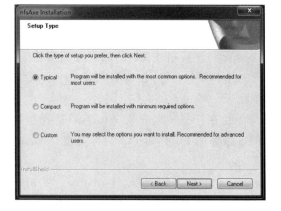

图 5-158

图 5-159

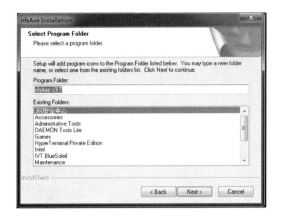

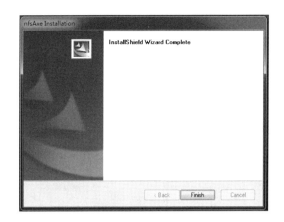

图 5-160　　　　　　　　　　　　　　　　　　　图 5-161

（b）在 PC B 端的 D 盘上创建 share 文件夹→将 D:\share 设置为共享文件夹→将要播放的视频文件 * . avi 文件复制到计算机 D:\share 下。

（c）在 PC B 设置本地 IP:开始→控制面板→网络和 Internet→网络和共享中心→查看网络状态→更改适配器设置→本地连接（Realtek PCIe GBE Family Controller）→右键→属性→Internet 协议版本 4（TCP/IPv4）→IP 地址（如 192.168.0.6），子网掩码 255.255.255.0→确定。

（d）打开→开始→NFS Server→是（Y），出现图 5-162 所示界面。

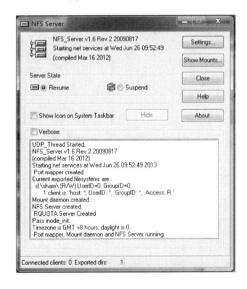

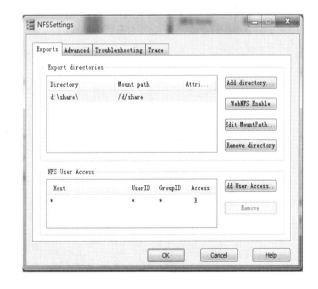

图 5-162　　　　　　　　　　　　　　　　　　　图 5-163

（e）点击"Settings…"→是（Y），出现图 5-163 所示界面，点击按钮"Add directory…"→选择 D:\share 文件夹作为 NFS 同步的目录→点击"Add User Access…"设置权限，如图 5-164 所示→OK→OK，将显示 Windows 开启了 NFS 服务，如图 5-165 所示。

图 5-164   图 5-165

（f）在宿主 PC A 端,打开一个终端窗口,输入以下命令：

① ＃ ifconfig eth0 192.168.0.100 up

② ＃ service nfs restart

③ ＃ service nfs restart

（g）将连接宿主 PC A 的网线拔下连到 PC B 的网口上。

（h）在宿主 PC A 的超级终端,进入嵌入式目标板界面输入以下命令：

① ＃root

② ＃cd /mnt

③ ＃mount － o soft，timeo = 100，rsize = 1024 192.168.0.6;/d/share/mnt/

　　　/＊将 PC B 的共享目录挂载到 PXA270 目标板的/mnt 目录下＊/

在 PC B 端将提示有设备访问,点击确定。在宿主 PC A 的超级终端会出现挂载成功（即 PC B 端 D:/share 挂载到 PC A 的超级终端的/mnt 目录上）,在/mnt 目录输入以下命令,可看见相关文件,如图 5-166 所示。

＃ ls

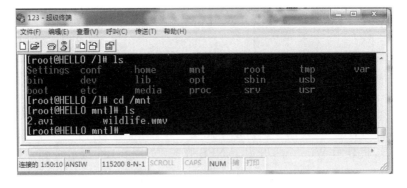

图 5-166

这样就实现了嵌入式 Linux 开发板（超级终端）对 PC B 的 Windows 文件服务器的访问。本实验在开发板访问 PC B 的 Windows 下 D 盘的 share 文件夹下的文件,如图 5-166 和图 5-167 所示。

图 5-167

(i) 由于 SD 卡驱动已做在实验箱系统内,且 SD 卡已插在实验箱上,直接输入以下命令即可看到 SD 卡的内容:

① ♯cd/usr

② ♯cd mmc

③ ♯ls

(j) 接下来即可用 MPlayer 播放 PC B 的 D:/share 下的 Windows 视频文件,输入以下命令:

♯./mplayer/mnt/＊＊＊.avi

即可在开发板的液晶屏幕上看到 PC B 的 D:/share 文件夹下视频的画面。

在超级终端按"Ctrl＋C",退出视频播放,在 PC B 关闭 NFS 服务。

至此,本实验实现了嵌入式视频终端的设计,用一根网线连接 PXA270 开发板和 Windows 视频服务器,就可以使用 MPlayer 播放视频。

实验总结:本实验实现了嵌入式 Linux 开发板对 Windows 文件服务器的访问,可用 MPlayer 播放 Windows 下的视频文件。

实验 32　蓝牙视频文件服务器实验

实验目的:了解在 PXA270 平台上实现 USB 蓝牙设备的基本原理,了解 Linux 蓝牙文件服务器配置的基本过程。

实验内容:USB 蓝牙文件服务器配置及文件传输。

实验设备:

① 一台 PXA270-EP 嵌入式实验箱。

② 一台安装 RedHat9.0 且配置好 ARM Linux 开发环境的宿主 PC A(做客户端)。

③ 一台安装 Windows 7 系统的 PC B(做服务器)。

④ 两个 USB 蓝牙模块。

⑤ 一块 SD 卡。

实验原理及说明:

在 USB 蓝牙设备无线通信实验及 NFS 文件服务器实验的基础上,可实现 Linux 操作系统下 ARM 的蓝牙文件服务器。

实验步骤:

① 硬件连接。

(a) 按照实验 1 的步骤,连接宿主 PC A 和 PXA270 开发板。

(b) 将 USB 蓝牙模块 A 插入 PXA270-EP 目标板的 USB 插槽(扁口 USB 槽)中,将 USB 蓝牙模块 B 插入 PC B 的 USB 插槽中。

② 开启 USB 蓝牙设备。

(a) 在宿主 PC A 端,打开超级终端,再打开 PXA270-EP 开发板电源。

(b) 在宿主 PC A 端,先关闭计算机的防火墙,再打开终端窗口,输入以下命令:

① `ifconfig eth0 192.168.0.100 up`

② `service nfs restart`

③ `service nfs restart`

④ `cp /pxa270_linux/Supply/BlueTooth /home/ -arf`

⑤ `cd /home`

⑥ `chmod 777 BlueTooth`

⑦ `cd BlueTooth`

⑧ `chmod 777 *`

(c) 在宿主 PC A 端的超级终端上输入以下命令:

① `root`

② `mount -o soft, timeo=100, rsize=1024 192.168.0.100:/ /mnt`

③ `cd /mnt/home/BlueTooth`

④ `./start.sh`

如果此时能读到实验箱上蓝牙设备的 ID(hci0 00:18:E4:0B:E5:AE),并且显示"all service start",说明模块初始化正常。

③ 运行 BlueSoleil 并配置,使两个蓝牙模块可以相互通信。

在 PC B 端,请先关闭计算机的防火墙,点击开始→所有程序→IVT BlueSoleil→BlueSoleil,启动程序。点击我的蓝牙→搜索蓝牙设备,正常情况下,可以看到图中轨道上出现了一个设备(名字是 zhuanqi,ID 是 00:18:E4:0B:E5:AE),这就是要搜索的蓝牙设备。右键单击 zhuanqi 设备的图标→刷新服务(图标变为橙色)→右键单击 zhuanqi 设备的图标→连接→蓝牙个人局域网服务→输入"Y",连接开始建立(图标变为绿色)。

由于已经设定了网卡的 IP 地址,因此,该网卡仍然会启用该地址。若连接成功,在 BlueSoleil 主窗口内该设备的图标将显示为绿色,并且在小球和设备图标之间会出现一条绿色的连线代表连接已经建立,一个橙点会沿着这条绿线从客户端向服务端运动,同时 zhuanqi 设备图标的右侧还会出现一条刻度线来表示无线信号的强弱。

(a) 配置 PC B 的蓝牙 IP 为 192.168.50.50。

(b) 配置 PXA270-EP 目标板的蓝牙 IP 为 192.168.50.51,回到宿主 PC A 端的超级终端窗口中,输入命令:

`ifconfig bnep0 192.168.50.51`

（c）测试两边是否连通，可以像使用普通网卡一样使用 ping 命令，输入命令：

ping 192.168.50.50

如果 ping 命令操作成功，说明两边已经连接，可以继续下述操作。按"Ctrl＋C"退出 ping 命令。

视频终端与服务器已通过蓝牙实现了无线连接，接下来开启 PC B 的 NFS 服务。

④ 开启 NFS 文件服务器。

（a）在 PC B 端，点击开始→程序→nfsAxe v2.1→NFS Server，启动程序。

（b）配置 PC B 端网卡 IP 为 192.168.0.6：控制面板→网络和 Internet→本地连接（Realtek PCIe GBE Family Controller）→属性→Internet 版本 4（TCP/IPv4）→配置 IP→确定。

（c）在 PC A 端的超级终端上输入以下命令：

① cd/root

② umount/mnt

（d）再把 PC A 端的网线拔下接到 PC B 端。在 PC A 端的超级终端输入以下命令：

① cd/root

② mount － o soft，timeo ＝ 100，rsize ＝ 1024 192.168.0.6：/d/share/mnt

③ cd /mnt

④ ls

在嵌入式 Linux 开发板上挂载 Windows 的共享文档，可以对 PC B 的文件服务器进行访问。

⑤ 通过蓝牙挂载 nfs 文件。

（a）在 PC A 端的超级终端窗口中，输入以下命令：

① cd/root

② umount /mnt　　　／＊释放前面 NFS 建立的 PC B 端和开发板挂载连接 ＊／

注意：此时必须拔掉 PC B 端的网线，使 PC B 和开发板脱离。

（b）在宿主 PC A 端的超级终端上挂载 PC B 端的蓝牙 IP，输入以下命令：

mount － o soft，timeo ＝ 100，rsize ＝ 1024 192.168.50.50：/d/share/mnt

　　／＊将 PC B 的共享目录通过蓝牙挂载到 PXA270-EP 目标板的/mnt 目录下，注意此时的
　　　　IP 地址为蓝牙模块地址 ＊／

（c）在宿主 PC A 端的超级终端进入 SD 卡，输入以下命令：

① cd /usr

② cd mmc

③ ./mplayer /mnt / ＊ ＊ ＊.avi

可用 SD 卡的 MPlayer 执行文件来播放 PC B 端 Windows 下的视频文件。

上述操作完成后，可再次在开发板的液晶屏幕上看到 PC B 的 share 文件夹下视频的画面，但此时视频终端与 PC A 之间已无网线连接，而是通过蓝牙模块无线连接，如图 5-168 所示。

实验总结：本实验通过蓝牙模块实现了无线连接。

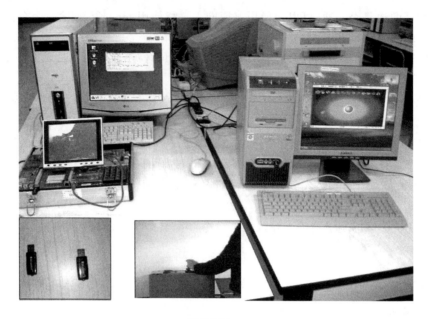

图 5-168

参 考 文 献

［1］ Intel co. ltd. Intel® PXA27x Processor Family Developer's Manual,2004.

［2］ Intel co. ltd. Intel® PXA27x Processor Family Design Guide,2005.

［3］ 王黎明.深入浅出 XScale 嵌入式系统［M］.北京:北京航空航天大学出版社,2011.

［4］ 科波特.LINUX 设备驱动程序［M］.3 版.北京:人民邮电出版社,2010.

［5］ 弓雷.ARM 嵌入式 Linux 系统开发详解［M］.2 版.北京:清华大学出版社,2014.

［6］ 韦东山.嵌入式 Linux 应用开发完全手册［M］.北京:人民邮电出版社,2008.

附　　录

附录 1　Linux 基础篇　常用名词解释

1. 宿主机(开发主机)

在嵌入式系统开发过程中,实现目标代码编写、编译、调试功能的 PC。一般来讲,宿主机就是装有 Linux 操作系统、嵌入式系统交叉编译环境的计算机。通常要求宿主机具有标准并口、串口、网口,能够实现和目标板的多种通信,达到开发目标板的功能。

2. 目标板(目标机)

嵌入式系统平台,可以是嵌入式系统的开发板、实验箱或嵌入式的产品。一般情况下,目标板不具备程序编译的能力,只有运行可执行二进制代码的能力。目标板所运行的代码是宿主机通过交叉编译器编译的。

3. 交叉编译

在宿主机使用交叉编译器编译源代码(通常为 C 代码)的过程即为交叉编译。编译的结果,即生成的可执行二进制代码,只可以在目标板上运行,不可以在宿主机上运行。

4. JTAG

JTAG(Joint Test Action Group)即联合测试行动小组,它是一种国际标准测试协议(IEEE 1149.1),主要用于进行芯片内部测试。标准的 JTAG 接口由 TMS、TCK、TDI、TDO 四根信号线组成,允许多个器件通过 JTAG 接口串连在一起,形成一个 JTAG 链,以便对各个器件分别测试。目前 JTAG 还经常用于对 Flash 器件进行在线编程。

5. TFTP

TFTP(Trivial File Transfer Protocol)即简单文件传输协议,它是 FTP 的简化版本,缺少 FTP 提供的验证服务,在数据传输上依赖于 UDP 而非 TCP。TFTP 相较 FTP 来说要简单一些并且容易编程。

6. NFS

NFS(Network File System)即网络文件系统。

7. FTP

FTP(File Transfer Protocol)即文件传送协议,是一种广泛用于将文件从一台机器传送到另一台机器的 TCP/IP 协议。互联网用户使用 FTP 应用程序登录 FTP 服务器并下载文件,文件内容没有限制,可能包含文本或二进制数据。文件可以使用验证控制来避免未授权的访问,也可通过匿名 FTP 公开,这种情况下不需要登录名或口令。

8. ARP

ARP(Address Resolution Protocol)即地址解析协议,是一种将 Internet 协议或 IP 地址

（如 128.10.3.42）转换为物理网络地址的协议。一个指定 Internet 主机的数据包在寻找其目的地的过程中，作为 TCP/IP 协议集众多成员中的一个，ARP 扮演了重要的角色。

9. PING

PING（Packet Internet Groper）是一种 Internet 应用程序，用于判断其他机器是否在线和存在。PING 是通过发送一个 ICMP 回复请求并等待答复来执行的。

10. ICMP

ICMP（Internet Control Message Protocol）即互联网控制信息协议，用来发送关于 IP 数据包传输的控制和错误信息的 TCP/IP 协议。当一个 IP 数据包不能传送到目的地时，可能是因为目的地的机器暂停服务或信息交通阻塞，路由器可能使用 ICMP 将失败信息通知发送者。

11. GPS

NAVSTAR/GPS（Navigation System Timing and Ranging/Global Position System）即时距导航系统/全球定位系统，简称 GPS。

12. GPRS

GPRS（General Packet Radio Service）即通用分组无线业务，是在 GSM 系统上发展出来的一种新的分组数据承载业务。

13. GSM

GSM（Global System for Mobile Communication）即全球移动通信系统，是 1992 年由欧洲标准化委员会统一推出的，以数字为主的第二代移动电话系统。

14. AT 命令集

AT（ATTENTION）命令集是用于终端机（如 PC）和调制解调器之间通信控制的一组命令。所有 AT 命令都是以 ASCII 字符"AT"开始，并以回车符"CR"或换行符"LF"结束。

15. WAV

WAV 是 Windows 本身存放数字声音的标准格式，目前已成为一种通用性的数字声音文件格式，几乎所有的音频处理软件都支持 WAV 格式。由于 WAV 格式存放的一般是未经压缩处理的音频数据，因此体积都很大（1 分钟的 CD 音质需要 10 MB），不适合在网络上传播。WAV 格式可使用媒体播放机直接播放。

16. MP3（MP1、MP2）

MP3 指 MPEG Audio Layer-3，而不是 MPEG 3。由于 MP3 具有压缩程度高、音质好的特点，因此 MP3 是目前最为流行的一种音乐格式。

附录 2　Linux 基础篇　Linux 常用命令

以下是 Linux 常用命令，也适用于嵌入式 Linux 系统。

1. 文件列表（ls）

```
ls        //以默认方式显示当前目录文件列表
ls -a     //显示所有文件,包括隐藏文件
ls -l     //显示文件属性,包括大小,日期,符号连接,是否可读写以及是否可执行
```

2. 目录切换（cd）

```
cd dir    //切换到当前目录下的 dir 目录
```

cd /　　//切换到根目录

cd ..　　//切换到上一级目录

3. 复制(cp)

cp source target　　　　　　　　　　//将文件 source 复制为 target

cp /root/source　　　　　　　　　　//将/root 下的文件 source 复制到当前目录

cp -av source_dir target_dir　　　//将整个目录复制,两个目录完全一样

cp -fr source_dir target_dir　　　//将整个目录复制,并且是以非链接方式复制,当
　　　　　　　　　　　　　　　　　　source 目录带有符号链接时,两个目录不相同

4. 删除(rm)

rm file　　　　　　　　　　　　　　//删除某一个文件

rm -fr dir　　　　　　　　　　　　//删除当前目录下名为 dir 的整个目录

5. 移动(mv)

mv source target　　　　　　　　　//将文件 source 更名为 target

6. 比较(diff)

diff dir1 dir2　　　　　　　　　　//比较目录 1 与目录 2 的文件列表是否相同,但不
　　　　　　　　　　　　　　　　　　比较文件的实际内容,不同则列出

diff file1 file2　　　　　　　　　//比较文件 1 与文件 2 的内容是否相同,如果是文
　　　　　　　　　　　　　　　　　　本格式的文件,则将不相同的内容显示,如果是
　　　　　　　　　　　　　　　　　　二进制代码则只表示两个文件是不同的

7. 回显(echo)

echo message　　　　　　　　　　　//显示一串字符

echo "message message2"　　　　　//显示不连续的字符串

8. 容量查看(du)

du　　　　　　　　　　　　　　　　//计算当前目录的容量

du -sm /root　　　　　　　　　　　//计算/root 目录的容量并以 MB 为单位

9. 文件内容查看(cat)

cat file　　　　　　　　　　　　　//显示文件的内容,和 DOS 的 type 相同

cat file | more　　　　　　　　　//显示文件的内容并传输到 more 程序实现分页显
　　　　　　　　　　　　　　　　　　示,使用命令 less file 可实现相同的功能

10. 分页查看(more)

more　　　　　　　　　　　　//分页命令,一般通过管道将内容传给它,如 ls | more

11. 时间日期(date)

date　　　　　　　　　　　　　　　//显示当前日期时间

date -s 20:30:30　　　　　　　　　//设置系统时间为 20:30:30

date -s 2002-3-5　　　　　　　　　//设置系统日期为 2002-3-5

12. 查找(find)

find -name /path file　　　　　　//在/path 目录下查找是否有文件 file

13. 搜索(grep)

grep -ir "chars"　　　　　　　　　//在当前目录的所有文件中查找字串 chars,并忽
　　　　　　　　　　　　　　　　　　略大小写,"-i"为大小写,"-r"为下一级目录

14. 设置环境变量(export)

export LC_ALL = zh_CN.GB2312　　　　//将环境变量 LC_ALL 的值设为 zh_CN.GB2312

15. 编辑(vi)

vi file　　　　　　　　　　　　　//编辑文件 file

vi 基本使用及命令:输入命令的方式为先按"Ctrl+C",然后输入 :x(退出),:x!(退出并保存),:w(写入文件),:w!(不询问方式写入文件),:r file(读文件 file),:%s/oldchars/newchars/g(将所有字串 oldchars 换成 newchars)等命令进行操作。

16. 压缩与解压(tar)

tar xfzv file.tgz　　　　　　　　//将文件 file.tgz 解压

tar cfzv file.tgz source_path　　　//将文件 source_path 压缩为 file.tgz

17. 挂接(mount)

mount -t yaffs /dev/mtdblock/0 /mnt//把/dev/mtdblock/0 装载到/mnt 目录

mount − t nfs 192.168.0.1:/friendly-arm/root/mnt

　　　　　　　　　　//将 NFS 服务的共享目录/friendly-arm/root 挂接到/mnt 目录

mount -vfat /dev/hdc0 /mnt/c

　　　　　　　　　　//把 Windows 下 FAT32 格式的 C 盘挂接到/mnt 下的 c 目录,

　　　　　　　　　　可以使用 fdisk-来查看存储设备在/dev 下对应的符号

例如,虚拟机挂载 U 盘:

fdisk -l /dev/sdb　　　　　　　//查看存储设备在/dev 下对应的盘符 sdb 或 hdb,如 sdb1

cd 　/mnt

mkdir usb　　　　　　　　　　//建立一个目录

mount /dev/sdb1 　/mnt/usb

cd /mnt/usb

18. 启动信息显示(dmesg)

dmesg　　　　　　　　　　　//显示 kernel 启动及驱动装载信息

19. 改变文件权限(chmod)

chmod a + x file　　　　　　　//将 file 文件设置为可执行,脚本类文件一定要这样设置,

　　　　　　　　　　　　　　否则要用 bash file 才能执行

chmod 666 file　　　　　　　//将文件 file 设置为可读写

20. 创建节点(mknod)

mknod /dev/tty1 c 4 1　　　　//创建字符设备 tty1,主设备号为4,从设备号为1,即第一个

　　　　　　　　　　　　　　tty 终端

21. 进程查看 (ps)

ps　　　　　　　　　　　　//显示当前系统进程信息

ps -ef　　　　　　　　　　//显示系统所有进程信息

22. 杀死进程(kill)

kill − 9 500　　　　　　　　//将进程编号为500的程序杀死

23. 创建一个目录(mkdir)

语法:mkdir[选项]dir-name。

命令中各选项的含义:"-m"表示对新建目录设置存取权限,也可以用 chmod 命令设置。

"-p"可以是一个路径名称,此时若路径中的某些目录尚不存在,加上此选项后,系统将自动建立好那些尚不存在的目录,即一次可以建立多个目录。

24. 删除空目录(rmdir)

语法:rmdir [选项] dir-name(rm -r dir 命令可代替 rmdir)。

命令中各选项含义:"-p"表示递归删除目录 dirname,当子目录删除后其父目录为空时,父目录也一同被删除。如果整个路径被删除或由于某种原因保留部分路径,则系统在标准输出上显示相应的信息。

附录3　Linux 驱动程序的介绍

设备驱动程序在 Linux 内核中扮演着特殊角色,它是一个独立的黑盒子,使某个特定的硬件可以响应一个定义良好的内部编程接口,同时完成隐藏设备的工作。用户操作通过一组标准化的调用完成,而这些调用是和特定的驱动程序无关的,将这些调用映射到作用于实际硬件的特定操作上,是设备驱动程序的任务。编程接口能使得驱动程序独立于内核的其他部分而建立,在需要的时候,可在运行时将其"插入"内核。这种模块化的特点,使得 Linux 驱动程序的编写非常简单。

1. Linux 驱动程序原理

在 Linux 系统中,对用户程序而言,设备驱动程序隐藏了设备的具体细节,对各种不同设备提供了一致的接口,一般来说是把设备映射为一个特殊的设备文件(也有设备不进行这样的映射),用户程序可以像对其他文件一样对此设备文件进行操作。Linux 对于硬件设备支持两个标准接口,即块特别设备文件和字符特别设备文件,通过块(字符)特别设备文件存取的设备称为块(字符)设备或称具有块(字符)设备接口。

块设备接口仅支持面向块的 I/O 操作,所有 I/O 操作都在内核地址空间中的 I/O 缓冲区进行,它可以运行几乎任意长度和在任意位置上的 I/O 请求,即提供随机存取的功能。

字符设备接口支持面向字符的 I/O 操作,它不经过系统的快速缓存,所以负责管理自己的缓冲区结构。字符设备接口只支持顺序存取的功能,一般不能运行任意长度的 I/O 请求,而是限制 I/O 请求的长度必须是设备要求的基本块长的倍数。显然,程序所驱动的串行卡只能提供顺序存取的功能,属于字符设备,因此后面的讨论在两种设备有所区别时都只涉及字符设备接口。设备由一个主设备号和一个次设备号标识,主设备号唯一标识了设备类型,即设备驱动程序类型,它是块设备表或字符设备表中设备表项的索引,次设备号仅由设备驱动程序解释,一般用于识别在若干个硬件设备中,I/O 请求所涉及的那个设备。

设备驱动程序可以分为三个主要组成部分,如下所述。

① 自动配置和初始化子程序,负责检测所要驱动的硬件设备是否存在和是否能正常工作。如果该设备正常,则对这个设备及其相关的设备驱动程序需要的软件状态,进行初始化。这部分驱动程序仅在初始化时被调用一次。

② 服务于 I/O 请求的子程序,又称驱动程序的上半部分。调用这部分程序是系统调节调用的结果。这部分程序在执行时,系统仍认为是和进行调用的进程属于同一个进程,只是由用户态变成了核心态,具有进行此系统调用的用户程序的运行环境,因此可以在其中调用 sleep() 等与进程运行环境有关的函数。

③ 中断服务子程序，又称驱动程序的下半部分。在 Unix 系统中，并不是直接从中断向量表中调用设备驱动程序的中断服务子程序，而是由 Unix 系统来接收硬件中断，再由系统调用中断服务子程序，中断可以产生在任何一个进程运行的时候，因此在中断服务程序调用时，不能依赖于任何进程的状态，也就不能调用任何与进程运行环境有关的函数。设备驱动程序一般支持同一类型的若干设备，因此在系统调用中断服务子程序时，一般都带有一个或多个参数，用以唯一标识请求服务的设备。

在系统内部，I/O 设备的存取通过一组固定的入口点来进行，这组入口点是由每个设备的设备驱动程序提供的。一般来说，字符设备驱动程序能够提供以下入口点。

- open 入口点，用于打开设备准备 I/O 操作。对字符特别设备文件进行打开操作时，都会调用设备的 open 入口点。open 入口点必须对将要进行的 I/O 操作做好必要的准备工作，如清除缓冲区等。如果设备是独占的，即同一时刻只能有一个程序访问此设备，则 open 入口点必须设置一些标志来表示设备处于忙状态。
- close 入口点，用于关闭一个设备。当最后一次使用设备结束后，调用 close 入口点。独占设备必须标记设备可再次使用。
- read 入口点，用于从设备上读数据。对于有缓冲区的 I/O 操作，一般是从缓冲区读数据，对字符特别设备文件进行读操作将调用 read 入口点。
- write 入口点，用于向设备上写数据。对于有缓冲区的 I/O 操作，一般是把数据写入缓冲区，对字符特别设备文件进行写操作将调用 write 入口点。
- ioctl 入口点，用于执行读、写之外的操作，实现对设备的控制。
- select 入口点，用于检查设备，判断数据是否可读或设备是否可用于写数据。系统调用在检查与设备特别文件相关的文件描述符时，使用 select 入口点。

如果设备驱动程序没有提供上述入口点中的某一个，系统会用缺省的子程序来代替，对于不同的系统，还有一些其他的入口点。

2. Linux 系统下的设备驱动程序

下面的 file_operations 结构定义在 include/linux/fs.h 中，驱动程序的主要工作就是"填写"结构体中定义的函数（根据需要，实现部分或全部函数）：

```
struct file_operations{
    struct module * owner;
    loff_t( * llseek)(struct file * ,loff_t,int);
    ssize_t( * read)(struct file * ,char__user * ,size_t,loff_t * );
    ssize_t( * aio_read)(sruct kiocb * ,char__user * ,size_t,loff_t);
    ssize_t( * write)(struct file * ,const char__user * ,size_t,loff_t * );
    ssize_t( * aio-write)(struct kiocb * ,const char__user * ,size-t,loff-t);
    int( * readdir)(stuck file * ,void * ,filldir_t);
    unsigned int ( * poll)(struct file * ,struct poll_table_struct * );
    int( * ioctl)(struct inode * ,struct file *  unsigned int,unsigned long);
    int( * mmap)(struct file * ,struct vm_area_struct * );
    int( * open)(struct inode * ,struct file * );
    int( * flush)(struct file * );
    int( * release)(struct inode * ,struct file * );
```

```
        int( * fsync)(struct file * ,struct dentry * ,int datasync);
        int( * aio_fsync)(struct kiocb * ,int datasync);
        int( * faync)(int,struct file * ,int);
        int( * lock)(struct file * ,int,struct file_lock * );
        ssize_t( * readv)(struct file * ,const struct iovec * ,unsigned long,loff_t * );
        ssize_t( * writev)(struct file * , const struct iovec * , unsigned long,loff_t * );
        ssize_t( * sendfile ) ( struct file, loff_t * size_t, read_actor_t,void_user * );
        ssize_t( * sendpage)(struct file * ,struct page * ,int,size_t,loff_t * ,int );
        unsigned long ( * get_unmapped_area) (struct file * ,unsigned long,unsigned
                    long,unsigned long,unsigned long);
        long( * fcntl) (int fd,unsigned int cmd,unsigned long arg,struct file * filp);
    };
```

struct inode 提供了特别设备文件/dev/driver (假设此设备名为 driver)的相关信息,定义如下。

```
    #include<linux/fs.h>
        struct inode{
            dev_t i_dev;
            unsigned long i_ino;      / * Inode number * /
            umode_t i_mode:           / * Mode of the file * /
            nlink_t i_nlik;
            uid_t i_uid;
            gid_t i_gid;
            dev_t i_rdev;             / * Device major and minor numbers * /
            off_t i_size;
            time_t i_atime;
            time_t i_mtime;
            time_t i_ctime;
            unsigned long i_blksize;
            unsigned long i_blocks;
            struct inode_operations * i_op;
            struct super_block * i_sb;
            struct wait_queue * i_wait;
            stuuct file_lock * i_flock;
            srtuct vm_area_struct * i_mmap;
            struct inode * i_next, * i_prev;
            struct inode * i_hash_next, * i_hash_prev;
            struct inode i_bound_to, * i_bound_by;
            unsigned short i_count;
            unsigned short i_flags;              / * Mount flags(see fs.h) * /
            unsigned char i_lock;
```

```
        unsigned char i_dirt;

        unsigned char i_pipe;

        unsigned char i_mount;

        unsigned char i_seek;

        unsigned char i_update;

        union{

                struct pipe_inode_info pipe_i;

                struct minix_inode_info minix_i;

                struct ext_inode_info ext_i;

                struct msdos_inode_info msdos_i;

                struct iso_inode_info isofs_i;

                struct nfs _inode_info nfs_i;

                };

    };
```

struct file 主要供与文件系统对应的设备驱动程序使用。当然,其他设备驱动程序也可以使用,它提供被打开的文件的相关信息,定义如下。

```
# include<linux/fs.h>
    struct file{
        mode_t f_mode;
        dev_t f_rdev;                    / * needed for/dev/tty * /
        off_t f_pos;                     / * Curr,posn in file * /
        unsigned short f_flags;          / * The flags arg passed to open * /
        unsigned short f_count;          / * Number of opens on this file * /
        unsigned short f_reada;
        struct inode * f_inode;          / * pointer to the inode struct * /
        struct file_operations * f_op;   / * pointer to the fops struct * /
    };
```

在 file_operations 结构中,指出了设备驱动程序所提供的入口点位置,如下所述。

- llseek,移动文件指针的位置,显然只能用于可以随机存取的设备。
- read,进行读操作,参数 buf 为存放读取结果的缓冲区,count 为所要读取的数据长度。返回值为负数表示读取操作发生错误,否则返回实际读取的字节数。对于字符设备,要求读取的字节和返回的实际读取字节数都必须是 inode—>i_blksize 的倍数。
- write,进行写操作,与 read 类似。
- readdir,取得下一个目录入口点,只有与文件系统相关的设备驱动程序才使用。
- select,进行选择操作,如果驱动程序没有提供 select 入口,select 操作将认为设备已经准备好进行任何 I/O 操作。
- ioctl,进行读、写以外的其他操作,参数 cmd 为自定义的命令。
- mmap,用于把设备的内容映射到地址空间,一般只有块设备驱动程序使用。
- open,打开设备准备进行 I/O 操作,返回 0 表示打开成功,返回负数表示失败。如果驱动程序没有提供 open 入口,则只要/dev/driver 文件存在就认为打开成功。

- release,即 close 操作。

设备驱动程序所提供的入口点,在设备驱动程序初始化时向系统进行登记,以便系统在适当的时候调用。在 Linux 系统中,通过调用 register-chrdev 向系统注册字符设备的驱动程序,register_chrdev 的定义为如下。

```
#include<linux/fs.h>
#include<linux/errno.h>
int register_chrdev(unsigned int major.          /*主设备号*/
                    const char name.            /*设备名*/
                    struct file_operations fops);   /*文件系统调用入口点*/
```

其中,major 是为设备驱动程序向系统申请的主设备号,如果为 0 则表示系统为此驱动程序动态地分配一个主设备号,name 是设备名,fops 是调用的各个入口点的说明。此函数返回 0 表示成功,返回负值表示申请的主设备号非法,一般代表主设备号大于系统所允许的最大设备号,返回－EBUSY 表示申请的主设备号正在被其他设备驱动程序使用。如果动态分配主设备号成功,此函数将返回所分配的主设备号。如果 register_chrdev 操作成功,设备名就会出现在/proc/devices 文件里。

初始化部分一般还负责为设备驱动程序申请系统资源,包括内存、中断、时钟、I/O 端口等,这些也可以在 open 子程序或其他地方申请。这些资源在不用的时候,应该释放,以利于资源的共享。在 Linux 系统中,对中断的处理属于系统核心的一部分,因此如果设备与系统之间以中断方式进行数据交换,就必须把该设备的驱动程序作为系统核心的一部分。设备驱动程序通过调用 request_irq 函数来申请中断,通过 free_irq 释放中断,它们的定义如下。

```
#include<linux/sched.h>
    int request_irq(unsigned int irq);
    void (6*handler)(int ira, void dev_id,struct pt_regs *rdgs);
    unsigned long flags;
    const char *device;
    vole *dev_id;
    void free_irq(unsigned int irq,void *dev_id);
```

3. 参数说明

参数 irq 表示所要申请的硬件中断号,handler 为向系统登记的中断处理子程序,中断产生时由系统调用,调用时所带参数 irq 为中断号,dev_id 为申请时告知系统的设备标识,regs 为中断发生时寄存器的内容,device 为设备名,将会出现在/proc/interrupts 文件里,flag 是申请时的选项,它决定中断处理程序的一些特性,其中最重要的是决定中断处理程序是快速处理程序(flag 里设置 SA_INTERRUPT)还是慢速处理程序(不设置 SA_INTERRUPT),快速处理程序运行时,所有中断都被屏蔽,而慢速处理程序运行时,除正在处理的中断外,其他中断都没有被屏蔽。在 Linux 系统中,中断可以被不同的中断处理程序共享,这要求每一个共享此中断的处理程序在申请中断时在 flag 内设置 SA_SHIRQ,这些处理程序之间用 dev_id 区分。如果中断由某个处理程序独占,则 dev_id 可以为 NULL,request 返回 0 表示成功,返回负值表示 irq>15 或 handler==NULL,返回－EBUSY 表示中断已经被占用不能共享。作为系统核心的一部分,设备驱动程序在申请和释放内存时不是调用 malloc 和 free,而是调用 kmalloc 和 kfree,它们的定义如下。

```
＃include＜linux/kernel.h＞
    void ∗ kmalloc(unsigned int len,int priority);
    void kfree(void ∗ obj);
```

参数 len 表示所要申请的字节数,obj 表示要释放的内存指针,priority 表示分配内存操作的优先级,即在没有足够空闲内存时如何操作,一般用 GEP_KERNEL。

与中断和内存不同,使用一个没有申请的 I/O 端口不会使 CPU 产生异常,也就不会导致诸如"segmentation fault"的错误发生。任何进程都可以访问任意一个 I/O 端口,此时系统无法保证对 I/O 端口的操作不会发生冲突,甚至系统会因此崩溃。因此,在使用 I/O 端口前,应检查此 I/O 端口是否已有其他程序在使用,若没有,再把此端口标记为正在使用,并在使用结束后释放,这样需要用到以下几个函数:

```
int check-region(unsigned int from,unsigned int extent);
void request_region(unsigned int,unsigned int extent,const char ∗ name);
void release_region(unsigned int from,unsigned int extent);
int check_mem_region(unsignded int from,unsigned int exetnt);
void reaudst_mem_region(unsignded int from,unsigned int extent,const char ∗
                        name);
void release_mem_region(unsigned int from,unsigned int extent);
```

调用这些函数时,参数 from 表示所申请的 I/O 端口的起始地址;extent 表示所要申请的从 from 开始的端口数;name 为设备名,将会出现在 /proc/ioports 文件里;check_region 返回 0 表示 I/O 端口空闲,否则表示正在被使用。

在申请了 I/O 端口之后,可以用以下几个函数来访问 I/O 端口:

```
＃include＜asm/io.h＞
inline unsigned int inb(unsigned short port);
inline unsigned int inb_p(unsigned short port);
inline void outb(char value,unsigned short port);
inline void outb_p(char value,unsigned short port);
```

这些函数用于访问 8 位端口,port 参数在一些平台上被定义为 unsigned long,而在另一些平台上被定义为 unsigned short。不同平台上 inb 的返回值类型也不同。

```
unsigned inw(unsigned port);
void outw(sunsigned short wortd,unsigned port);
```

这些函数用于访问 16 位端口(字宽度)。M68K 或 S390 平台上不提供这些函数,因为这些平台只支持字节宽度的 I/O 操作。

```
unsigned inw(unsigned port);
void outw(sunsigned short wort,unsigned port);
```

这些函数用于访问 32 位端口(字符宽度)。根据平台的不同,longword 参数被定义为 unsigned long类型或 unsigned int 类型。和字宽度 I/O 操作一样,"长字"I/O 操作在 M68K 和 S390 平台上也不能使用。

在上述函数中,inb_p 和 outb_p 插入了一定的延时以适应某些慢的 I/O 端口,在设备驱动程序中,一般都需要用到计时机制。Linux 系统中,时钟是由系统接管,设备驱动程序可以向系统申请时钟。与时钟有关的系统调用如下所述。

```
#include<asm/param.h>
#include<linux/timer.h>
void add_timer(struct timer_list * timer);
int del_timer(struct timer_list * timer);
inline void init_timer(struct timer_list * timer);
```

其中,struct timera_list 的定义为:

```
struct timer_list{
    struct timer_list * next;
    struct timer_list * prev;
    unsigned long expires;
    unsigned long data;
    void( * function)(unsigned long d);
};
```

其中,expires 是要执行 function 的时间,系统核心有一个全局变量 JIFFIES 表示当前时间,一般在调用 add_timer 时,jiffies＝JIFFIES＋num,表示在 num 个系统最小时间间隔后执行 function。系统最小时间间隔与所用的硬件平台有关,在核心里定义了常数 HZ 表示一秒内最小时间间隔的数目,则 num×HZ 表示 num 秒。系统计时到预定时间就调用 function,并把此子程序从定时队列里删除,因此如果想要每隔一定时间间隔执行一次,就必须在 function 里再一次调用 add_timer,function 的参数 d 即为 timer 里面的 data 项。

在设备驱动程序中,还可能会用到如下的一些系统函数。

```
#include<asm/system.h>
#define cli<>_asm__ __volatile__("cli"::)
#define sti<>_asm__ __volatile__("sti"::)
```

这两个函数负责打开和关闭中断允许。

```
#include<asm/segment.h>
void memcpy_fromfs(void * to,const void * from,unsigned long n);
void memcpy_tofs(void * to,const void * from,unsigned long n);
```

在用户程序调用 read 和 write 程序时,由于 read 和 write 程序中参数 buf 指向用户程序的私有地址空间,不能直接访问,为了使进程的运行状态由用户态变为核心态,地址空间也变为核心地址空间,必须通过上述两个系统函数来访问用户程序的私有地址空间,memcpy_fromfs 由用户程序地址空间向核心地址空间复制,memcpy_tofs 则相反,参数 to 为复制的目的指针,from 为源指针,n 为要复制的字节数。

在设备驱动程序中,可以调用 printk 来打印一些调试信息,用法与 printf 类似,printk 打印的信息不仅出现在屏幕上,同时还记录在文件 syslog 里。

4. Linux 系统下的具体实现

在 Linux 中,除了直接修改系统核心的源代码,把设备驱动程序加入核心之外,还可以把设备驱动程序作为可加载的模块,由系统管理员动态加载,使之成为核心的一部分,同时系统管理员可以把已加载的模块动态卸载。

在 Linux 中,模块可以用 C 语言编写,用 gcc 编译成目标文件(不进行链接,作为".o"文件存在),为此需要在 gcc 命令行里加上"-c"的参数。在编译时,还应在 gcc 的命令行里加上这样的参数:-D __KERNEL__-DMODULE(KERNEL 的左侧和右侧都有两个下划线,和-D 之间有一个空格)。

由于在不链接时,gcc 只允许一个输入文件,因此一个模块的所有部分都必须在一个文件里实现。编译好的模块"＊o"放在/lib/modules/xxxx/misc(xxxx 表示核心版本,如在核心版本为 2.0.3.0 时应为/lib/modules/2.0.3.0/misc)下,然后用 depmod_a 命令使此模块成为可加载模块。

模块用 insmod 命令加载,用 rmmod 命令卸载,并可以用 lsmod 命令查看所有已加载模块的状态。

编写模块程序时,必须提供两个函数,一个是 int init-module(void)函数,供 insmod 在加载此模块时自动调用,负责设备驱动程序的初始化工作,init_module 返回 0 表示初始化成功,返回负数表示失败;另一个是 void cleanup_module(void)函数,在模块被卸载时调用,负责进行设备驱动程序的清除工作。

在成功地向系统注册了设备驱动程序后(调用 register-chrdev 成功后),就可以用 mknod 命令把设备映射为一个特别文件,其他程序使用这个设备时,只要对此文件进行操作即可。

内核升级到 2.4 后,系统提供了两个新的函数:devfs_register,devfs_unregister。

以上只是 Linux 驱动程序的简单介绍,若想全面了解 Linux 设备驱动程序,读者可以参考《Linux 设备驱动程序》和其他相关书籍。